色彩学基础与实践

[日]渡边安人 著
胡连荣 译

Let's enjoy your life by an interior design coordination, a construction design, the scene plan, and the color design.

中国建筑工业出版社

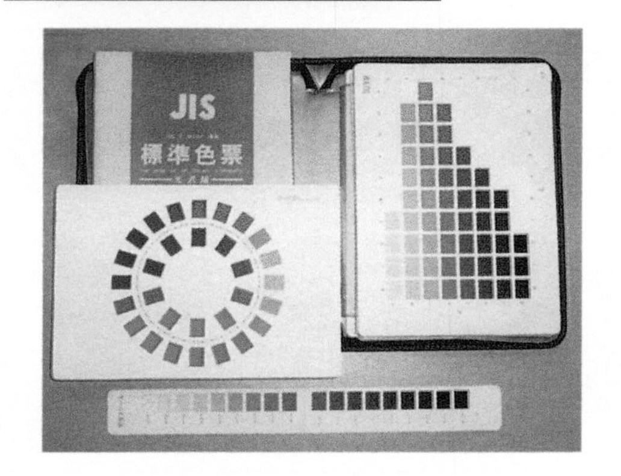

图 1.2　JIS标准色卡（日本标准协会发行）［正文 P.5］

图 1.3　涂料用标准色样本手册（日本涂料工业会发行）［正文 P.5］

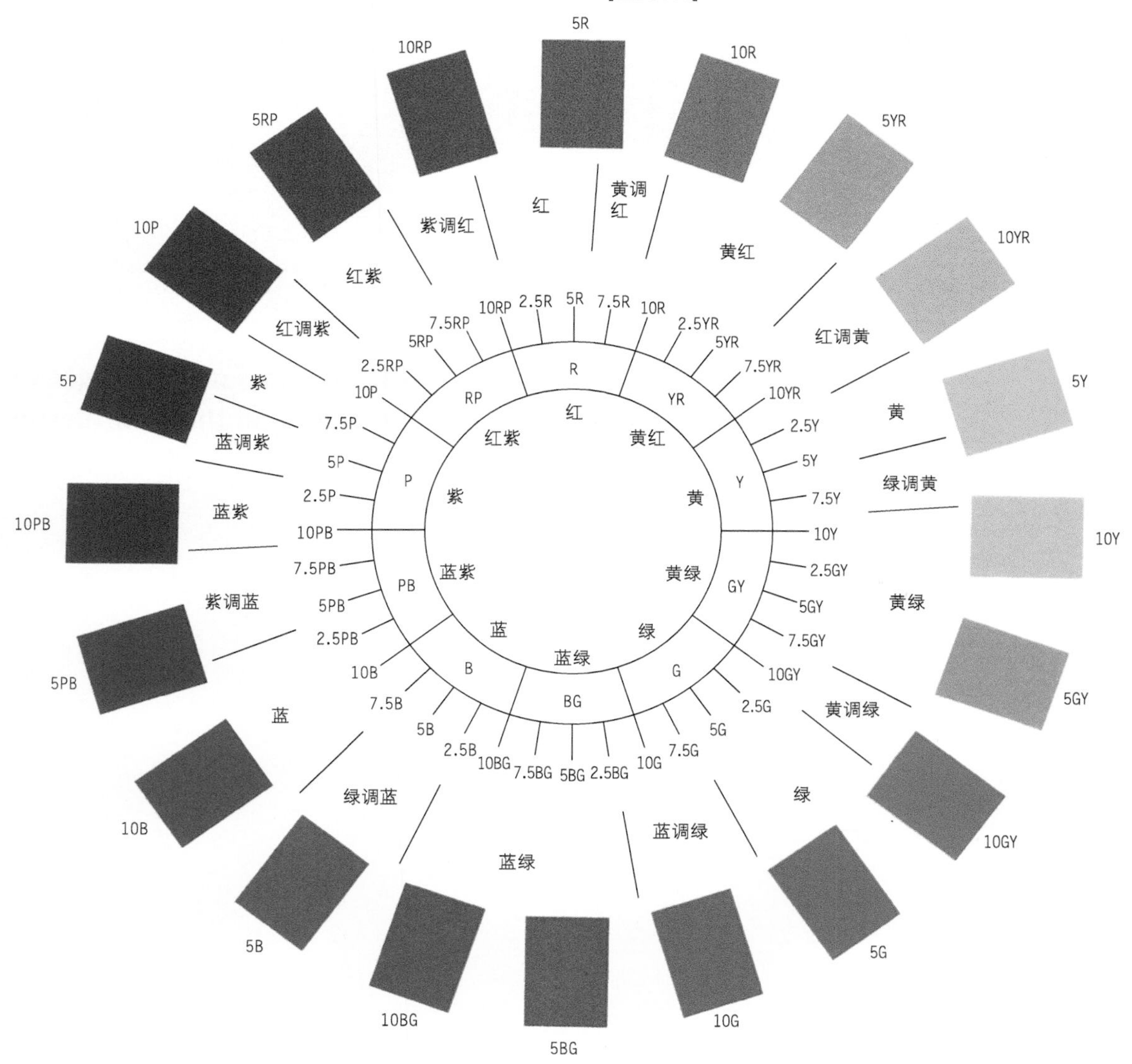

图 1.4　色相环（孟塞尔色相环与JIS系统色名）［正文 P.7］

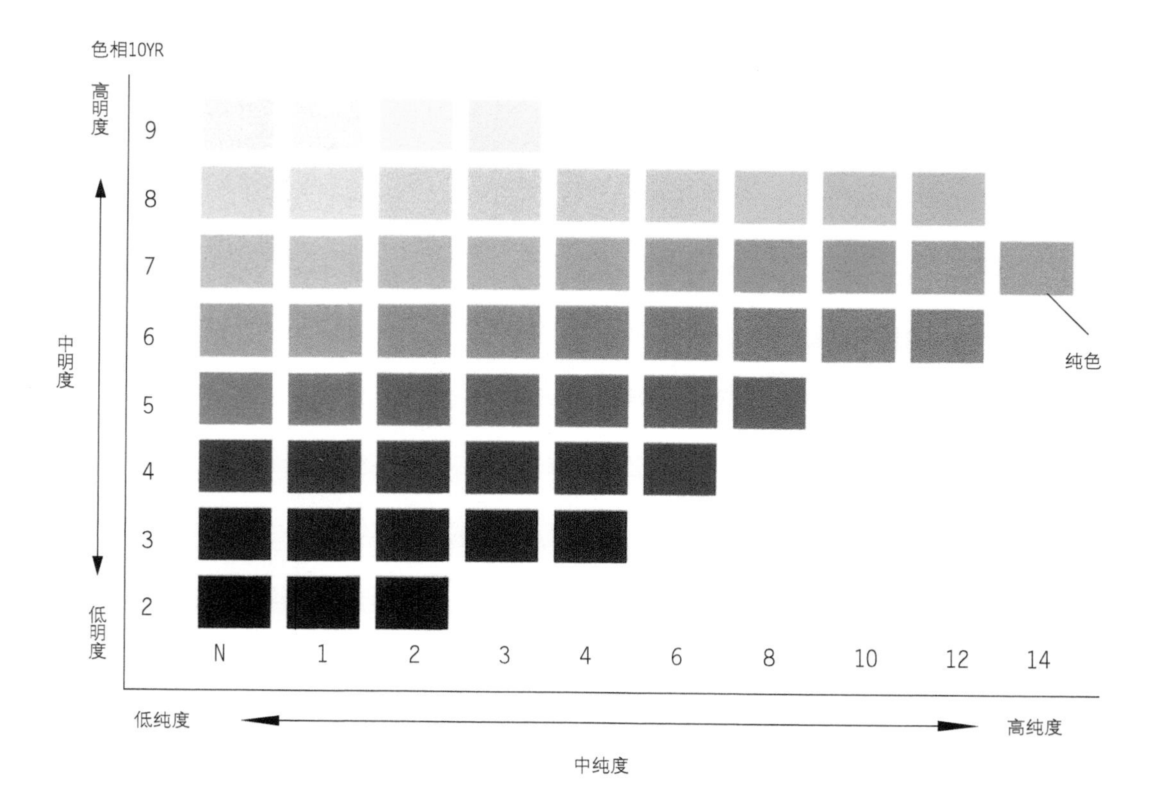

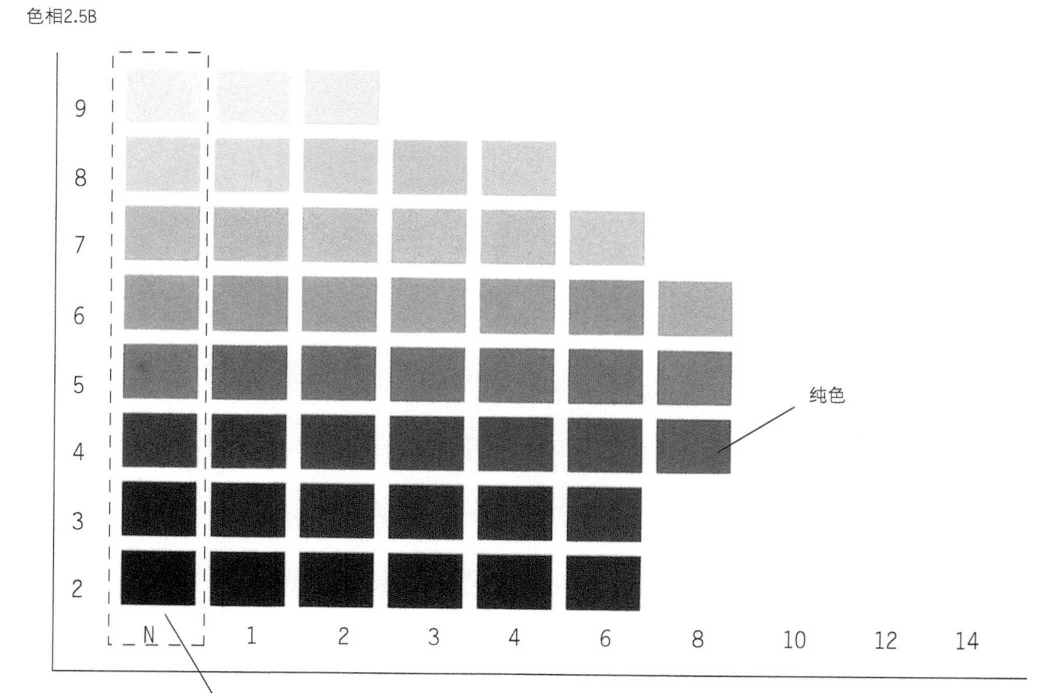

图 1.5　孟塞尔表色系的明度-纯度图 [正文 P.8]

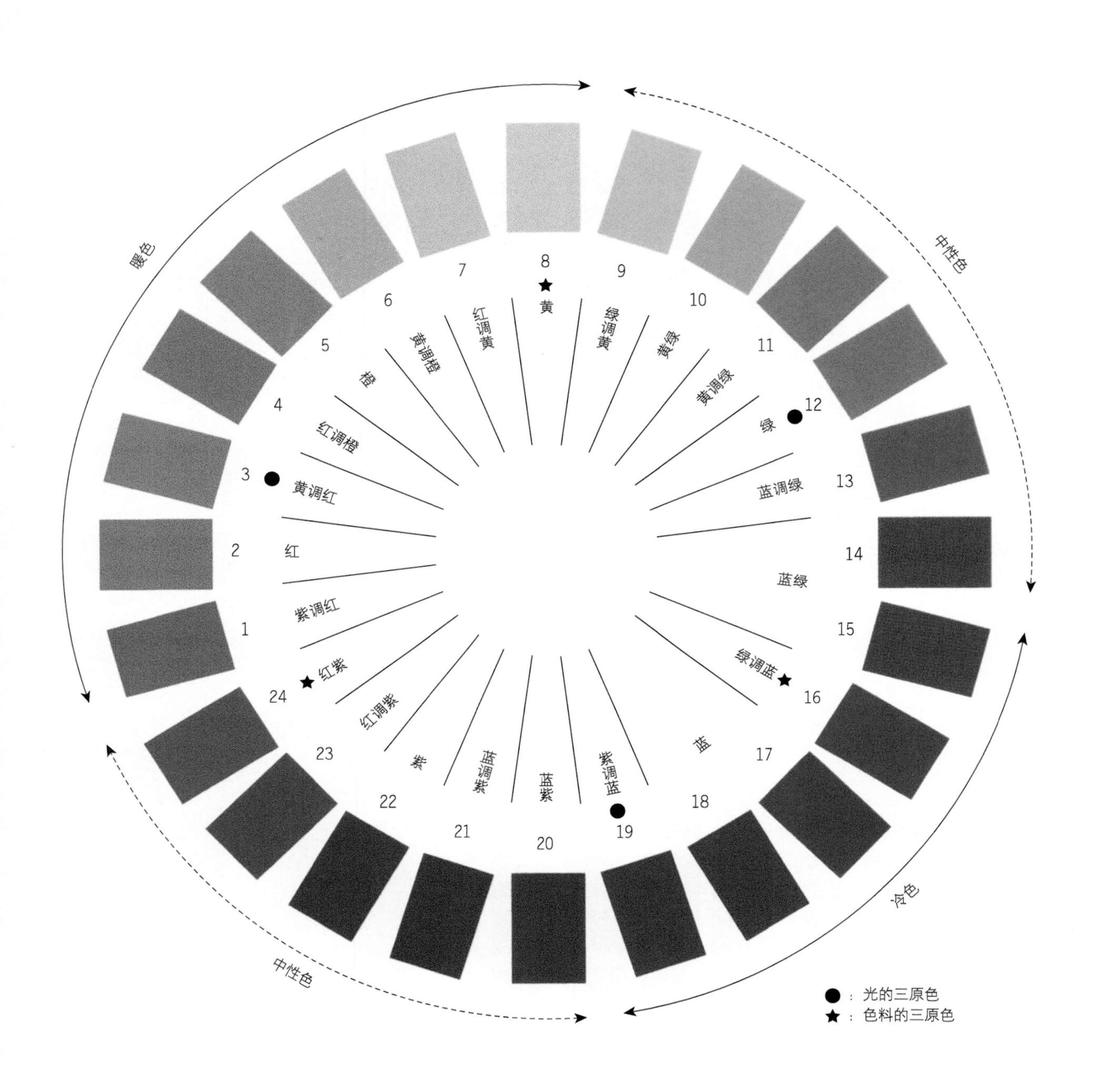

图 1.6 PCCS明度-色相 [正文 P.10]

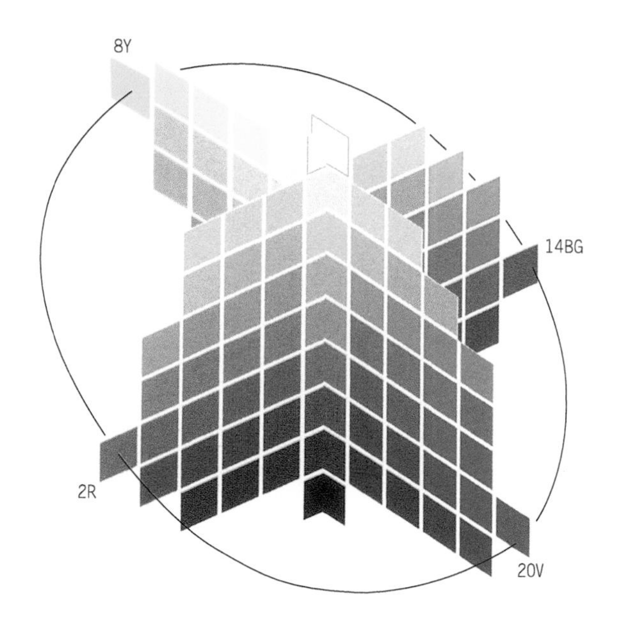

图 1.7　色立体 [正文 P.11]

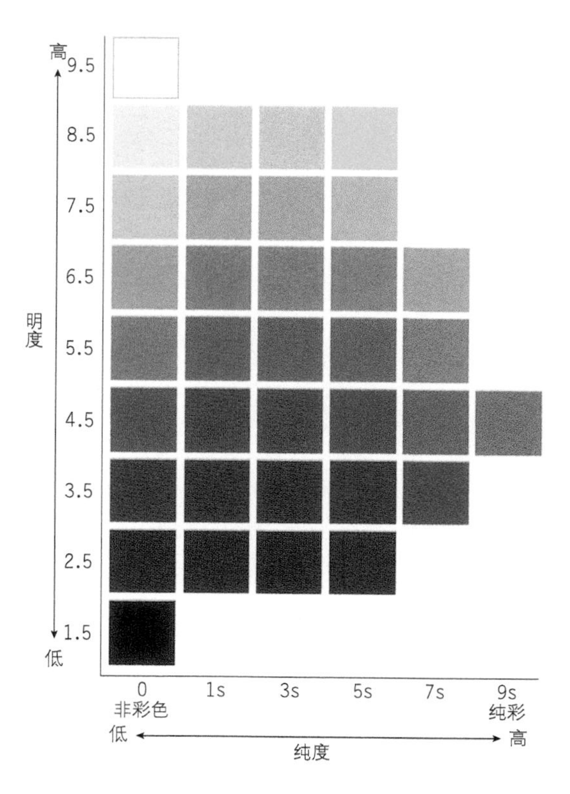

图 1.8　PCCS明度-纯度的关系 [正文P.11]

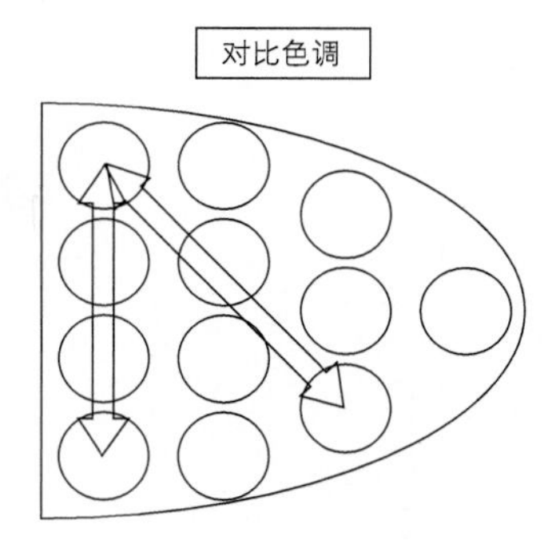

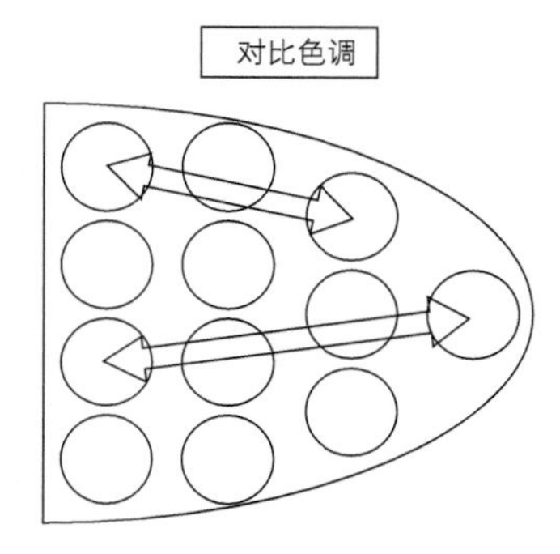

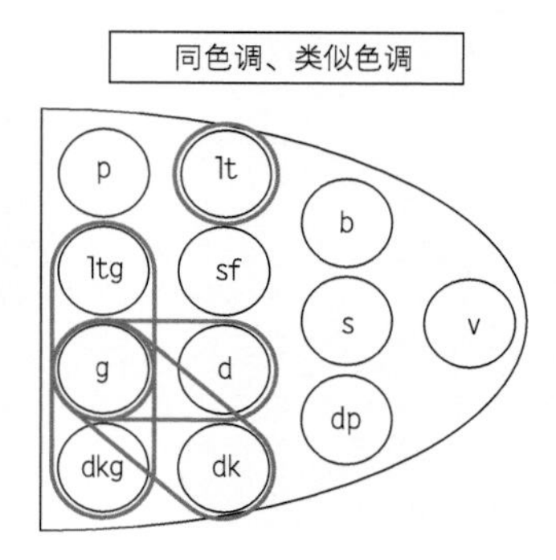

图 1.9　色调的相互关系[正文P.12]

(关于色调的5种分类请参照P.114)

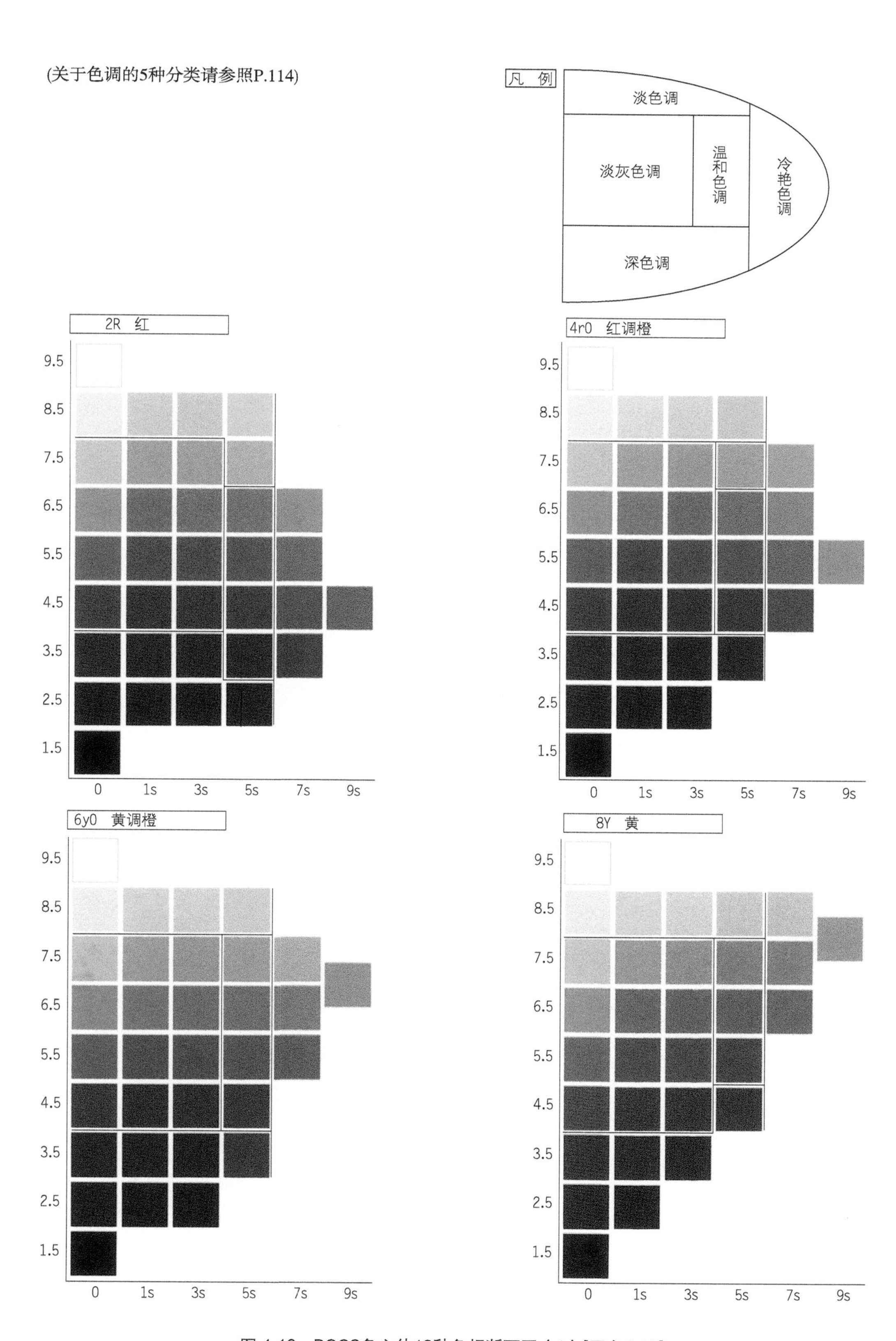

图 1.10 PCCS色立体12种色相断面图(1)[正文P.13]

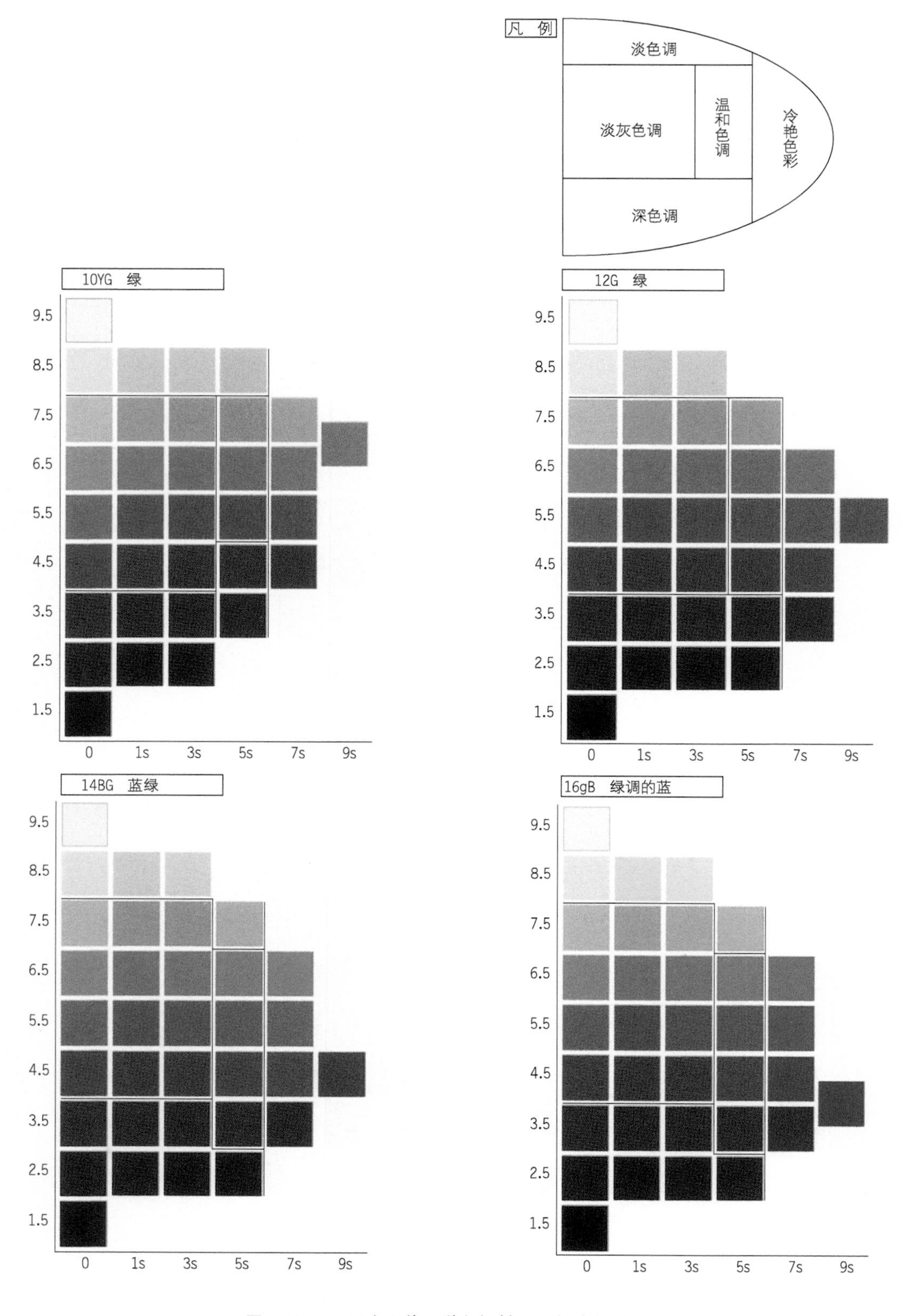

图 1.10 PCCS色立体12种色相断面图（2）[正文P.14]

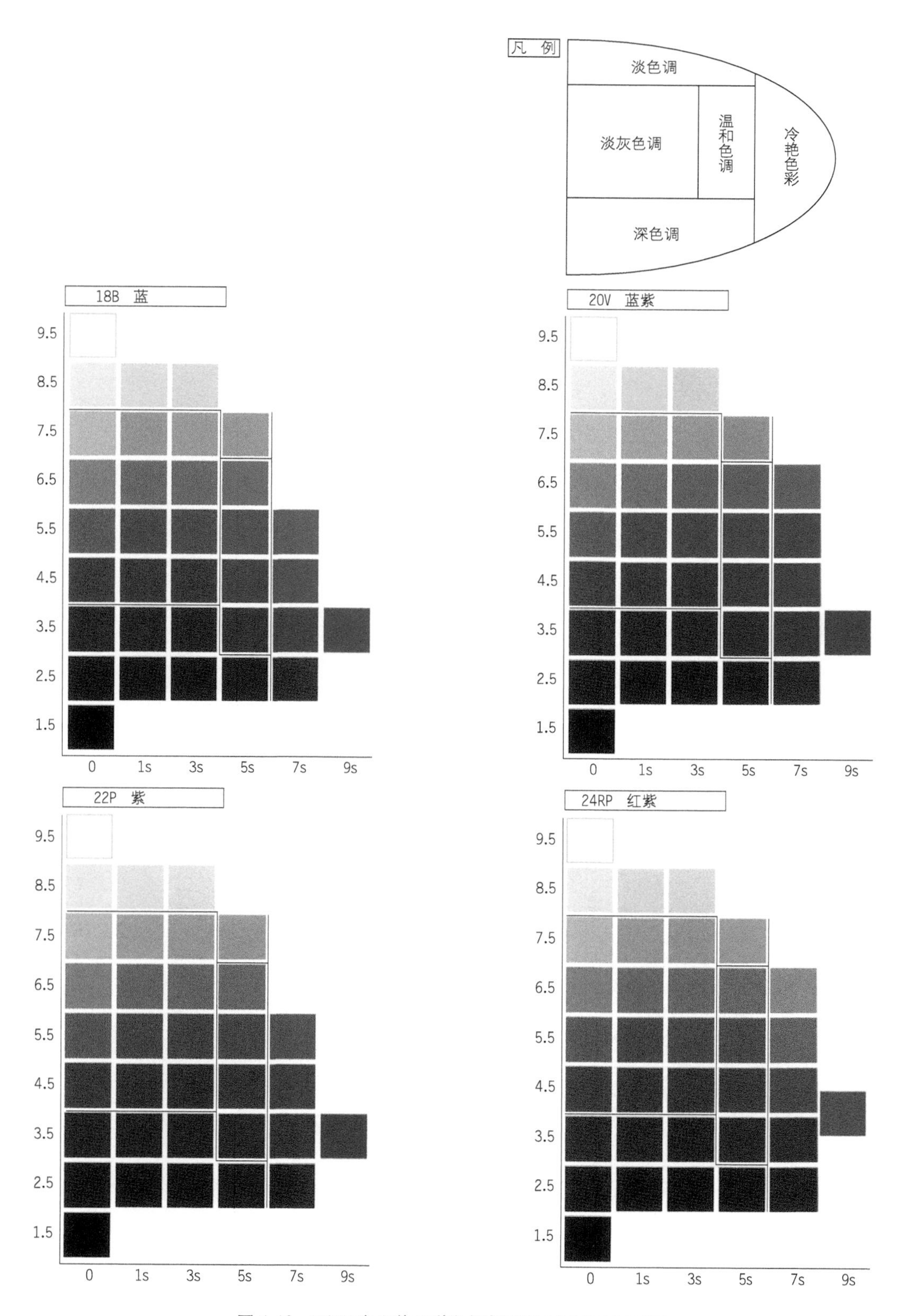

图 1.10 PCCS色立体12种色相断面图（3）[正文P.15]

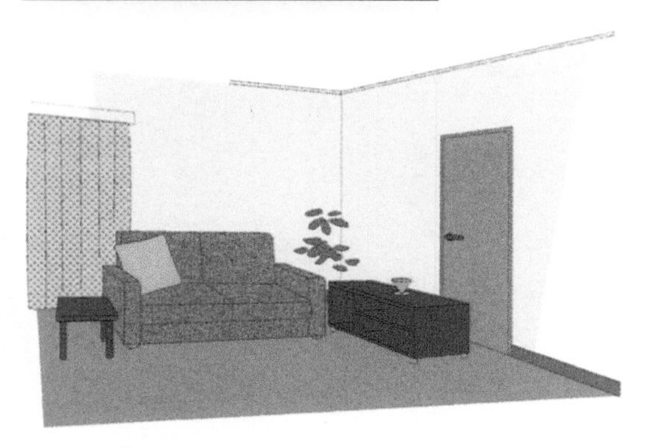

类似色相的类似色调配色
高纯度靠垫突出小件物品。

类似色相的类似色调配色
高纯度靠垫突出小件物品。

类似色相的类似色调配色
用暖色、明度差较小的配色，形成软形象。突出靠垫等小件物品。

较大差异色相的配色
突出沙发，高纯度色富有朝气，随意形象很强。

较大差异色相的配色
多色相时，以白色或几近白的颜色（灰白色）构成整体。

类似色调的配色
灰色色调有较强沉静感。

图 2.10　室内装修的配色举例 [正文P.26]

（为了便于配色解说，门在家具的内容之后描述。本书刊载的套色图版皆使用（株）ESTEEI色彩教学及建筑景观用彩色模拟软件“Color Planner”制作而成。）

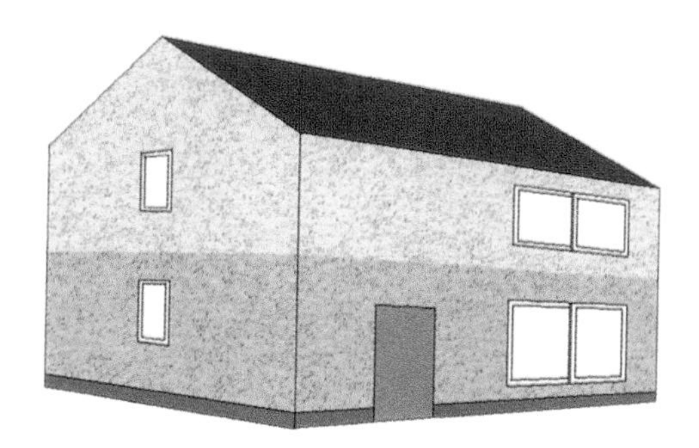

同一色相的类似色调配色

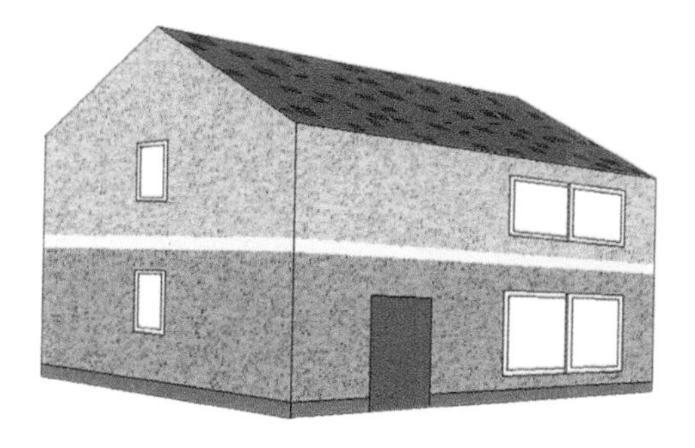

同一色相的类似色调配色

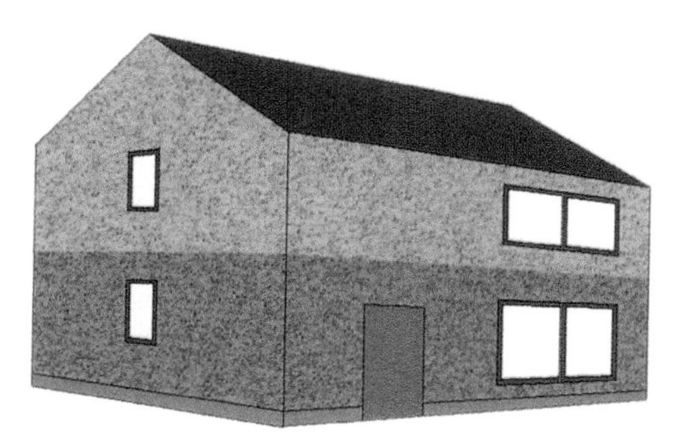

类似色相的类似色调

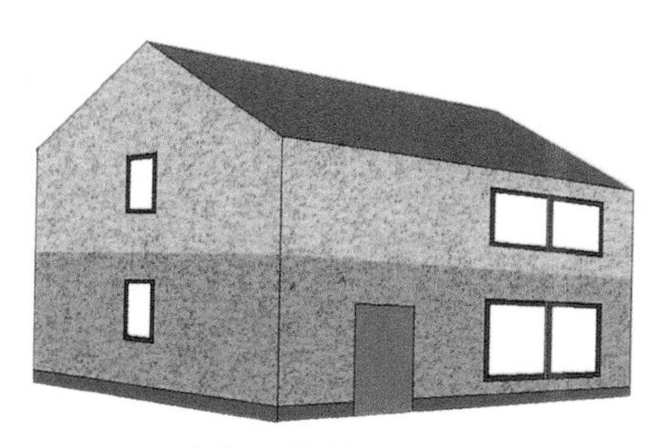

类似色相的类似色调配色

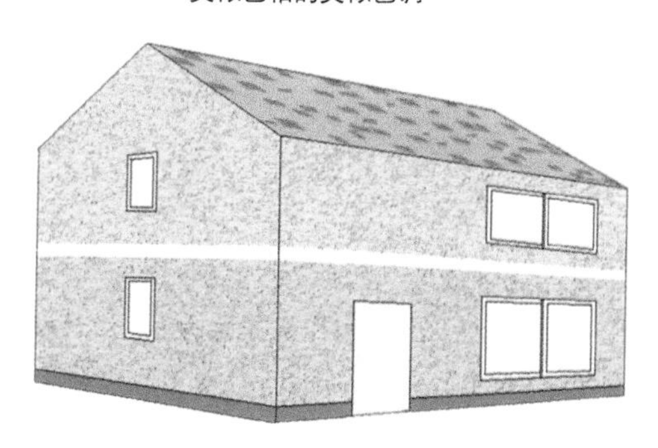

同一色调的类似色相

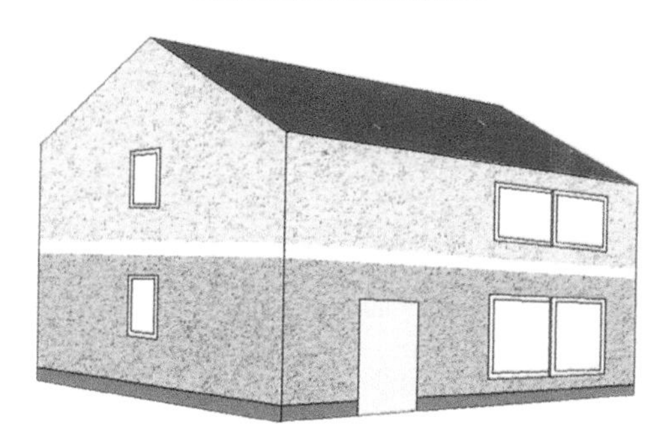

对比色相色加大纯度差，用白色强调分割开的效果

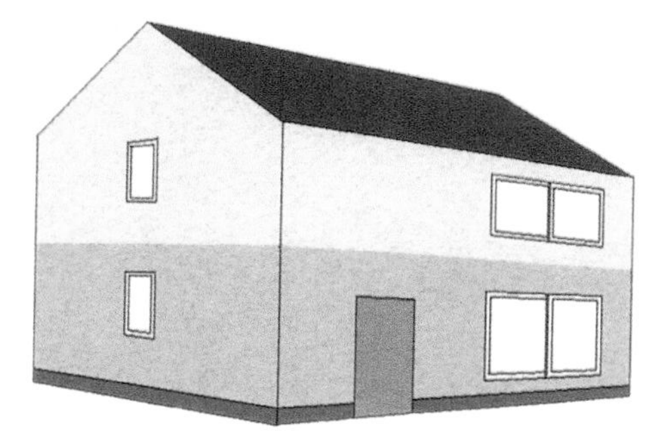

难以适应的色可与乳系色配色，以减轻不适感

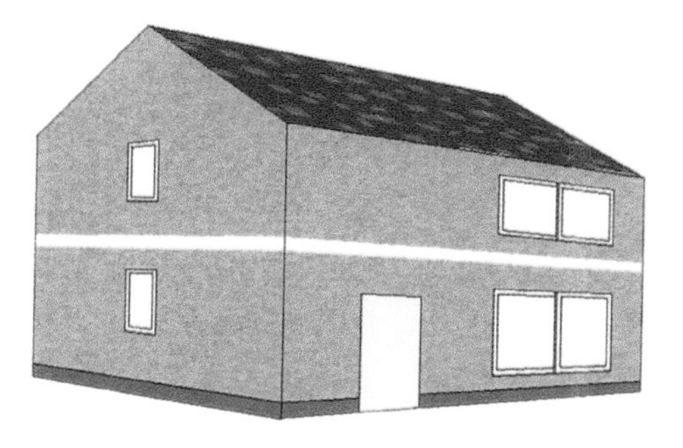

清一色高纯度色时，白色可给人果断感，通过面积分割可易于适应。

图 2.11　外观配色举例 [正文P.27]

类似调和
类似色相的类似色调

类似调和
类似色相的色调不同

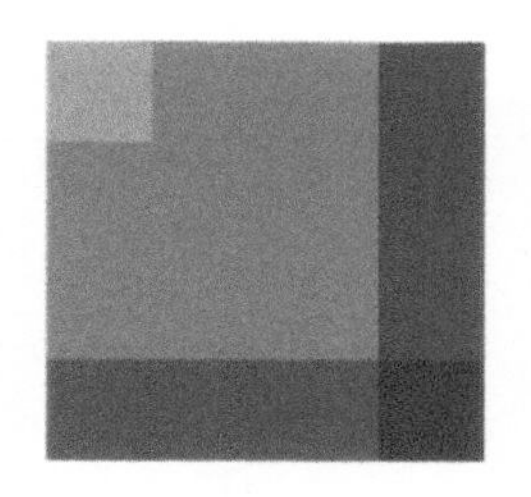

类似调和
同一色相的色调不同

类似调和
同一色调的色相不同

对比调和
通过色相作对比

对比调和
通过色调作对比

对比调和
通过色相和色调作对比

对比调和
通过有彩色和非彩色作对比

图 2.12　类似调和与对比调和 [正文P.28]

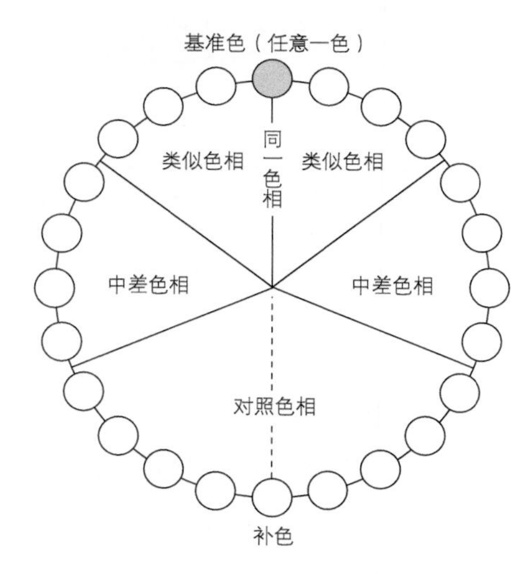

图 2.13　色相的相互关系（PCCS色相环）[正文 P.29]
记住V2（红）与V14（蓝绿）、V8（黄）与V20（蓝紫）这些补色关系上的4色就可以用色相环上的各种颜色来完成形象了。

图 3.5　分隔　[正文 P.33]

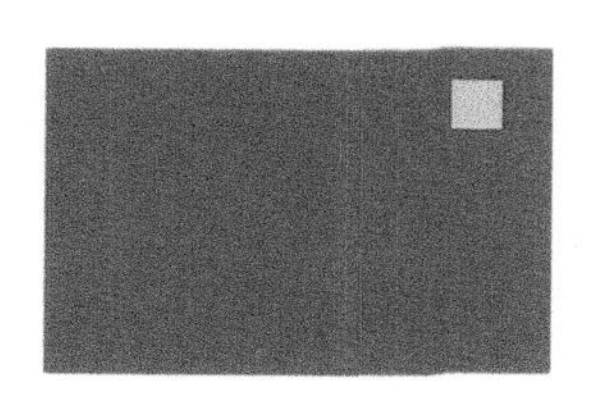

图 3.6　突出 [正文 P.33]

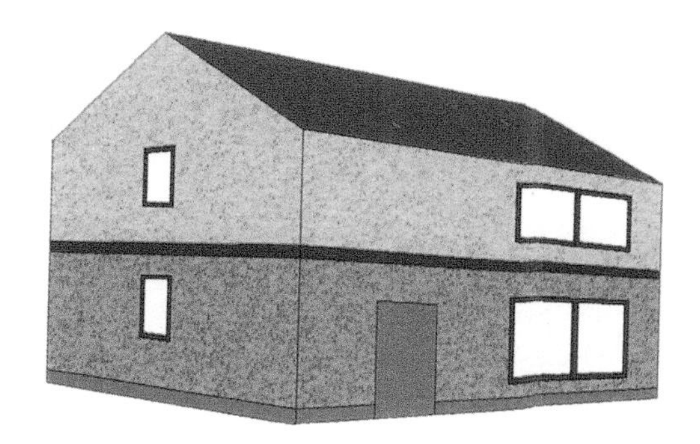

图 3.7　深褐色产生的分隔效果 [正文 P.33]

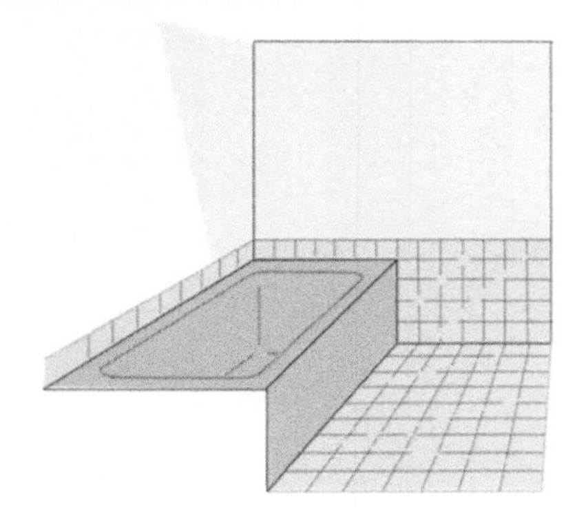
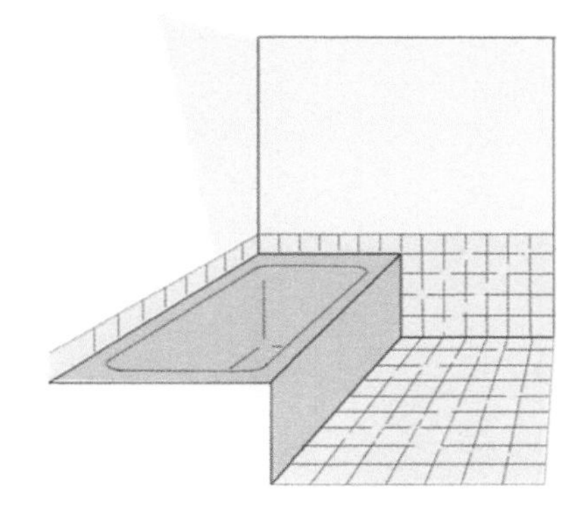

图 4.1　温度感　[正文P.36]

极端的暖色或冷色会使体感温度发生3℃的变化。

亮丽的配色、强配色

朴素的配色、弱配色

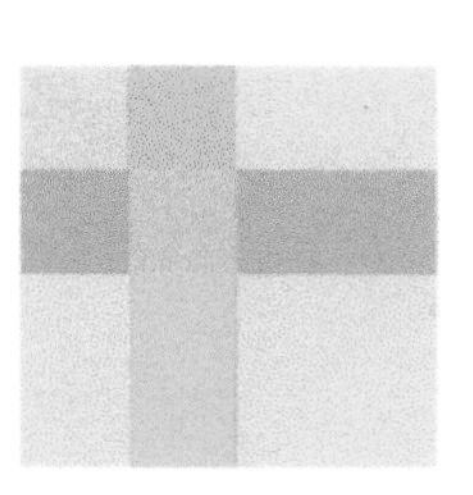

轻配色、柔和的配色

重配色、生硬的配色

图 4.2　华丽、朴素与轻色、重色 [正文P.37]

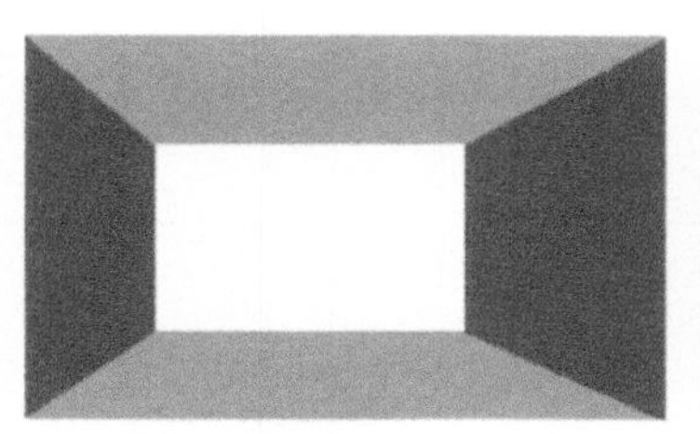

图 4.3　长方形“白”<进入、膨胀>、“黑”则<退出、收缩>　[正文P.38]

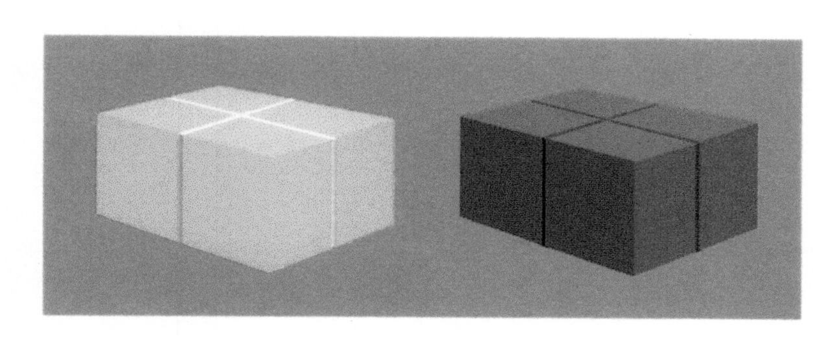

图 4.4　“明亮色”<膨胀、轻>、“暗色”则<收缩、重>　[正文 P.38]

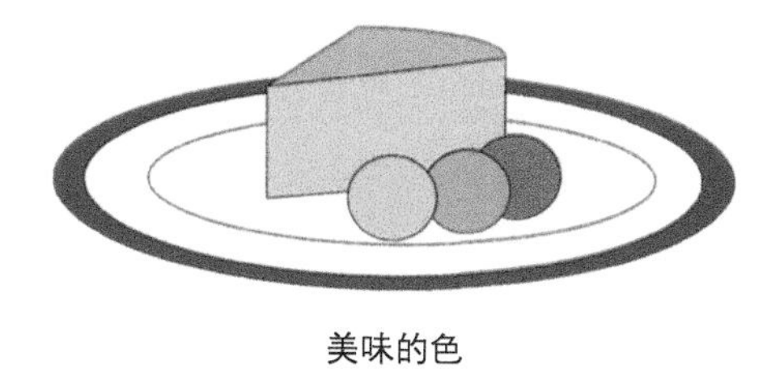

美味的色

难吃的色

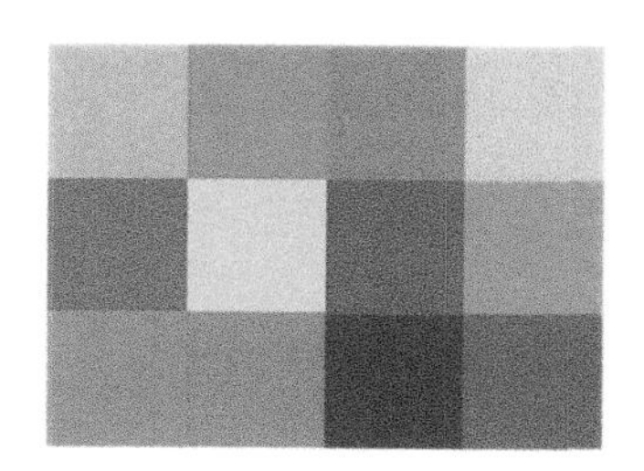

甜

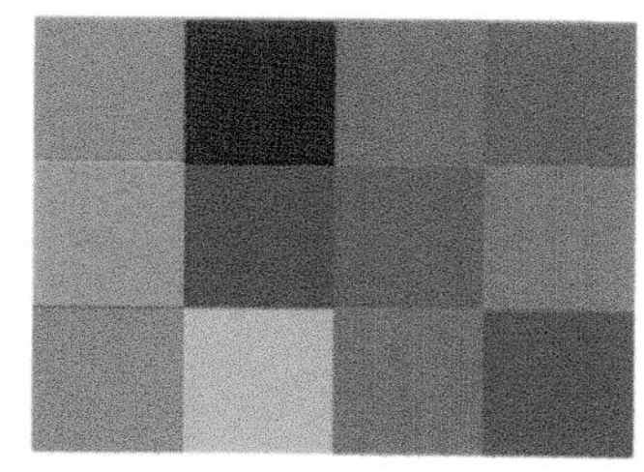

辣（辣椒、芥末）

苦

酸（柠檬、柑橘类）

咸（海水、鲑鱼、盐）

图 4.5 色与味觉 [正文P.39]

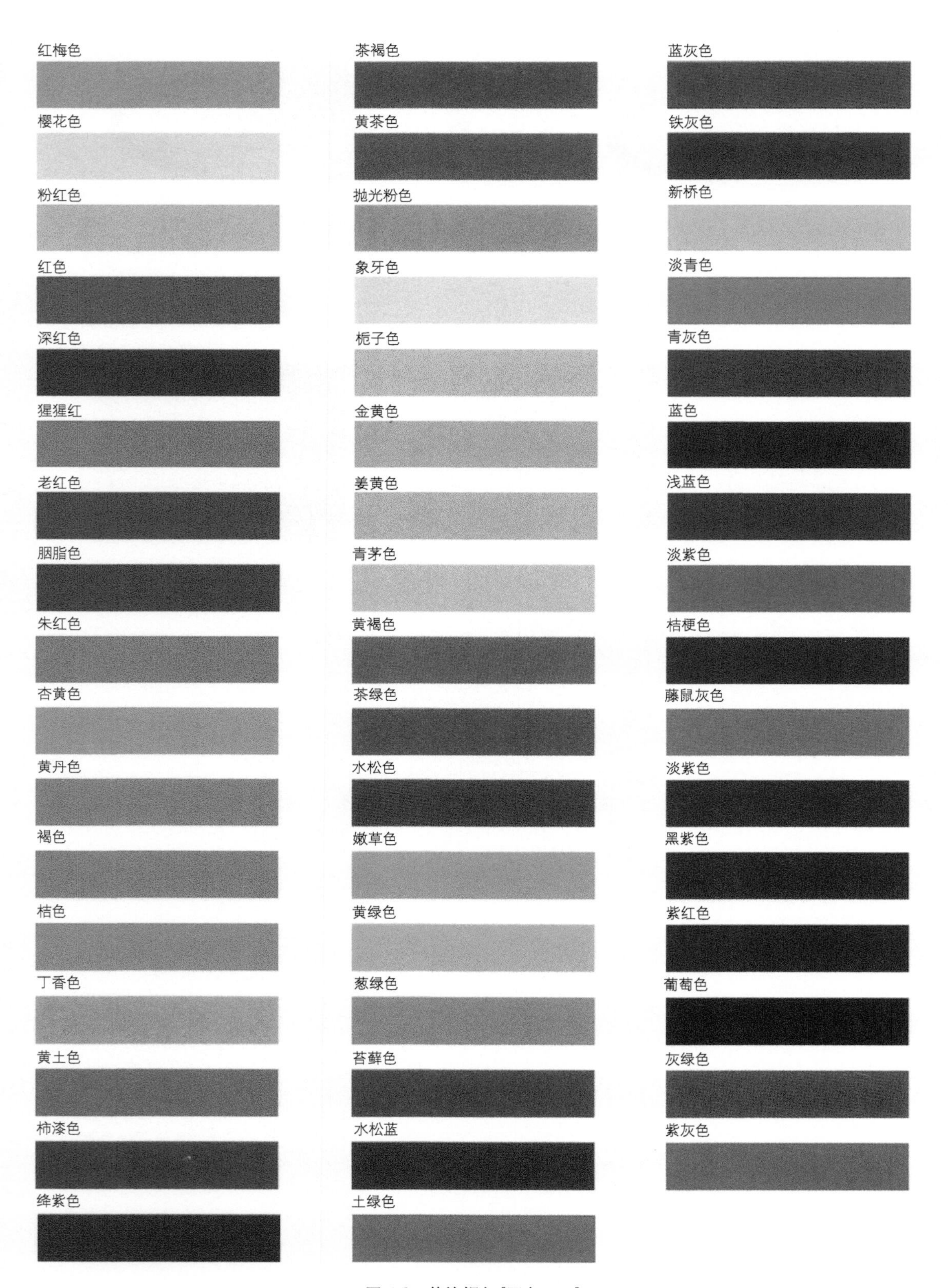

图 4.6　传统颜色 [正文P.40]

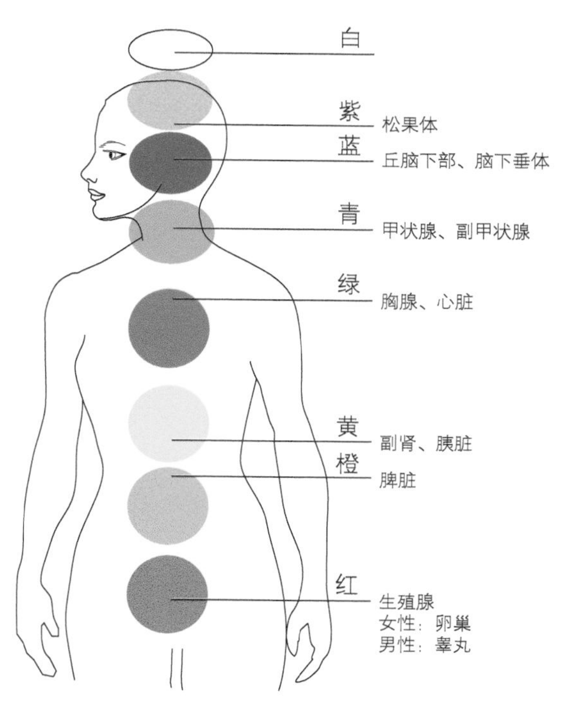

关于头部，将蓝、紫归纳起来也有些表现为紫

图 4.7　伽科拉与色［正文 P.46］
可以说健康身体的这些颜色都处于平衡状态

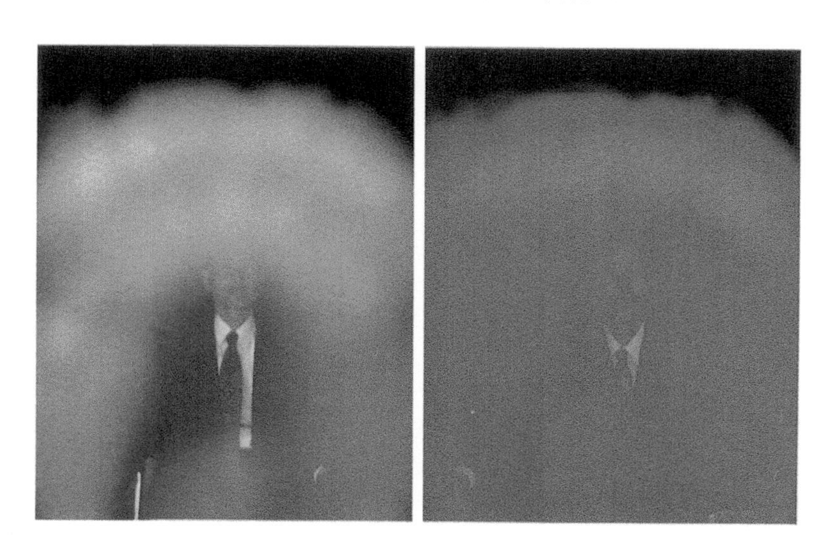

图 4.8　奥拉照片[正文 P.47]
颜色会依身体状况和情绪发生变化

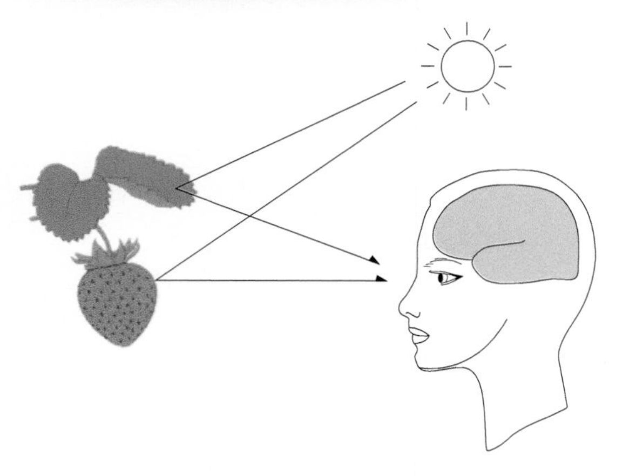

图 5.1　颜色的感受途径 [正文P.50]

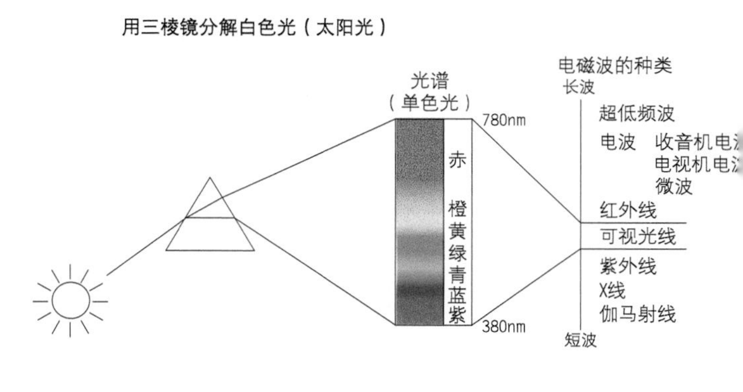

图 5.2　可视光是电磁波 [正文P.51]

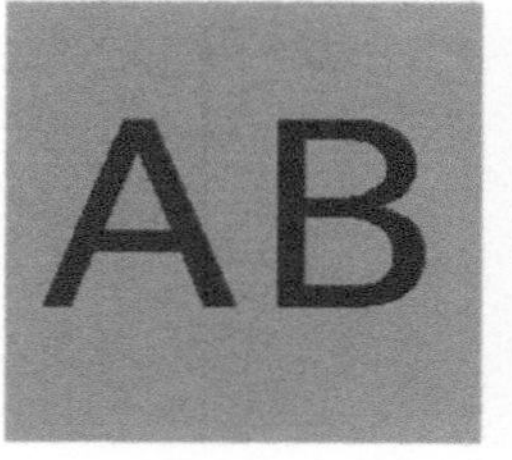

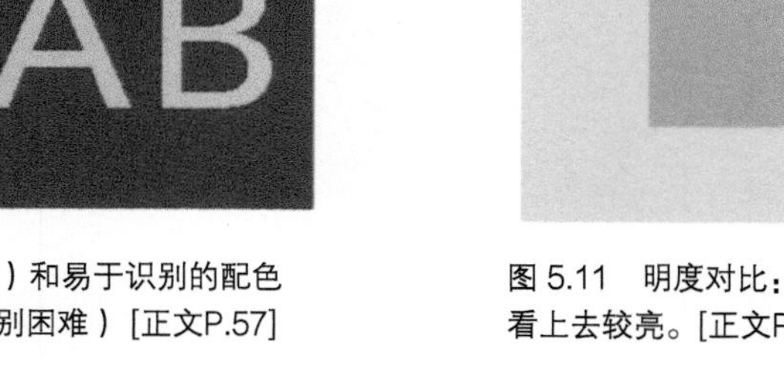

图 5.9　老年人难以识别的配色（上）和易于识别的配色（下），（孟塞尔明度差1以下则识别困难）[正文P.57]

图 5.10　色相对比：左侧的橙色明显泛红，右侧的橙色看上去明显泛黄。[正文P.62]

图 5.11　明度对比：左侧的灰色较暗，右侧的灰色看上去较亮。[正文P.58]

图 5.12　纯度对比：左侧的浅蓝色较亮，右侧的浅蓝色看上去较暗。[正文P.58]

图 5.13　边缘对比 [正文P.59]

图 5.14　哈曼格栅 [正文 P.59]

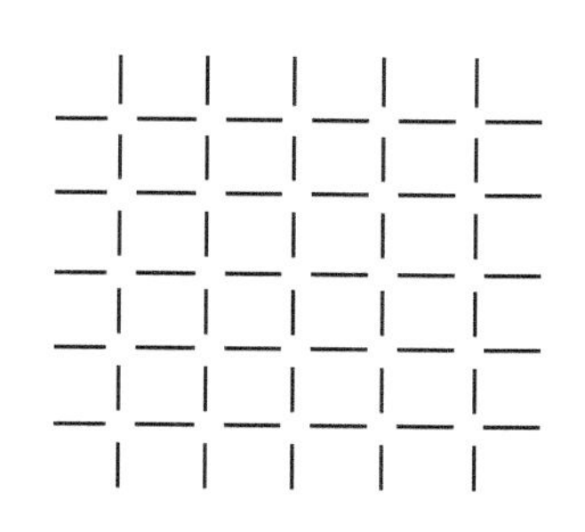

图 5.15　埃伦施泰因效应 [正文 P.59]

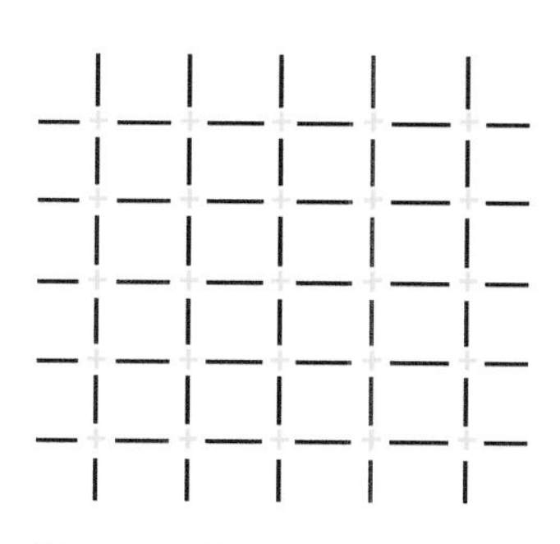

图 5.16　霓虹色现象 [正文 P.59]

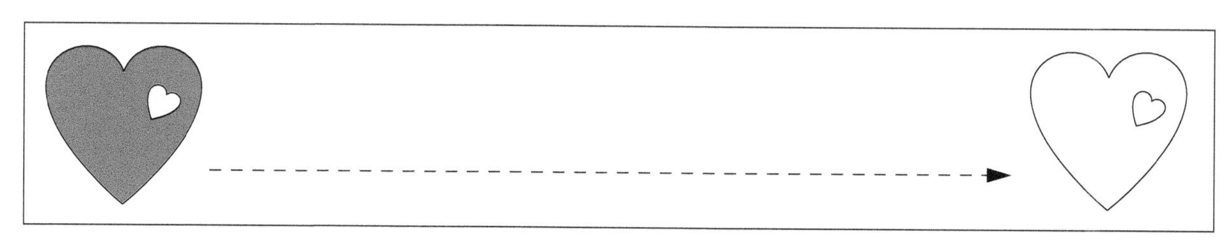

对左侧红心盯看10～15秒，然后把目光移至右侧心形图案，这时会有种蓝绿色的感觉。

图 5.17　补色后像 [正文 P.60]

图 5.18　明度差较大的配色、明度差较小的配色。[正文 P.61]

图 5.19　安全标识举例 [正文 P.61]

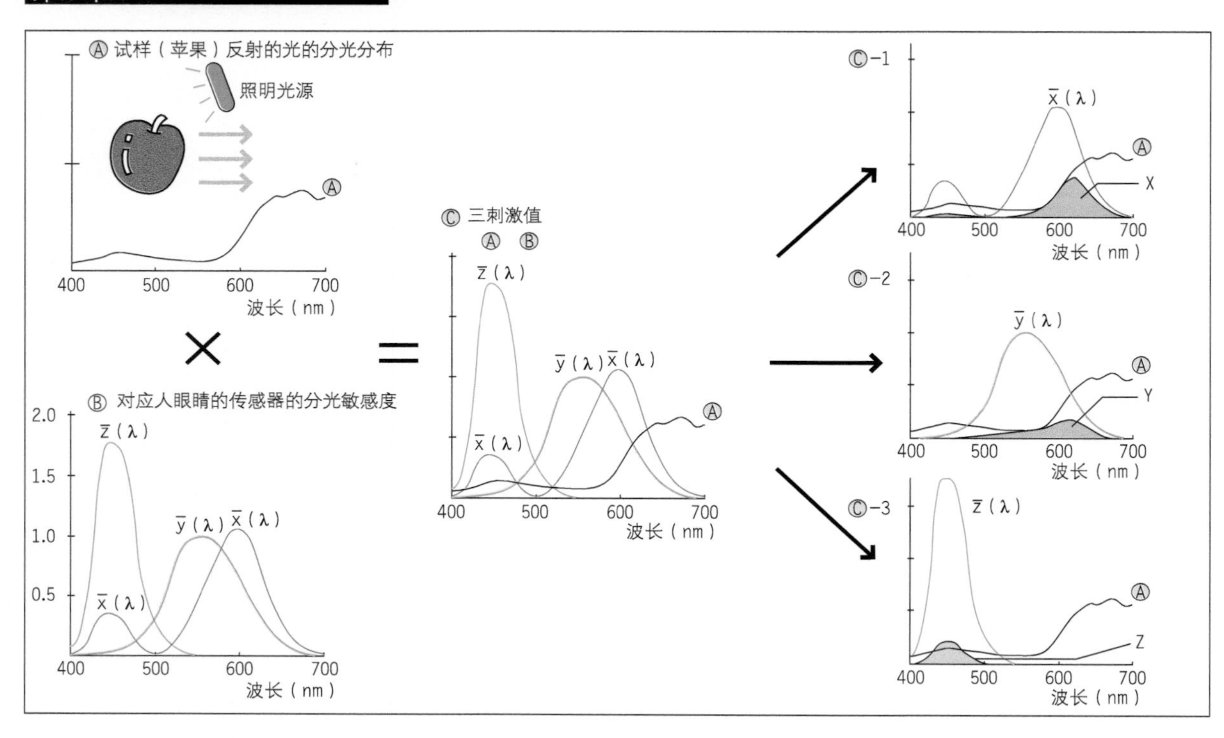

图 6.8 测定色彩时三刺激值求解方法的原理（《话说颜色》柯尼卡美能达读解公司发行） [正文P.68]

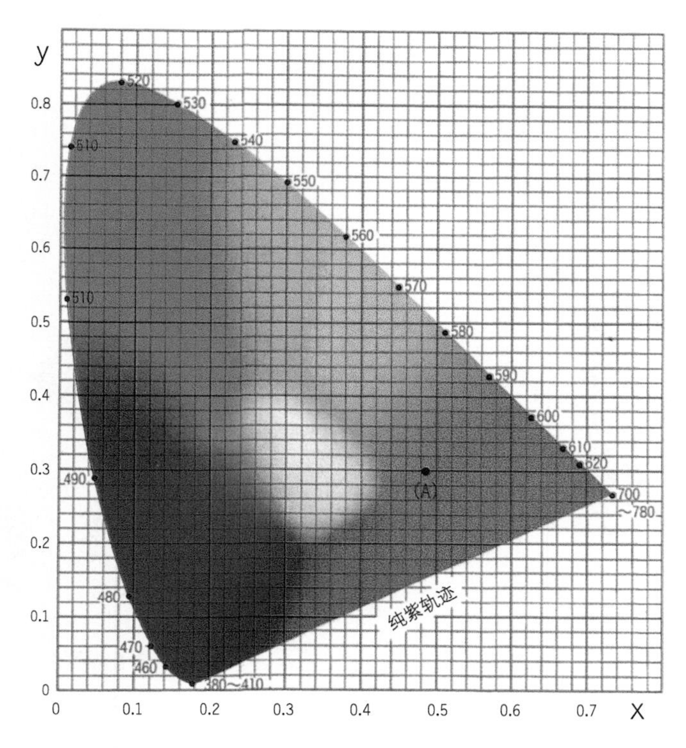

图 6.10 XYZ表色系的色度图（资料提供：柯尼卡美能达读解公司）[正文 P.69]

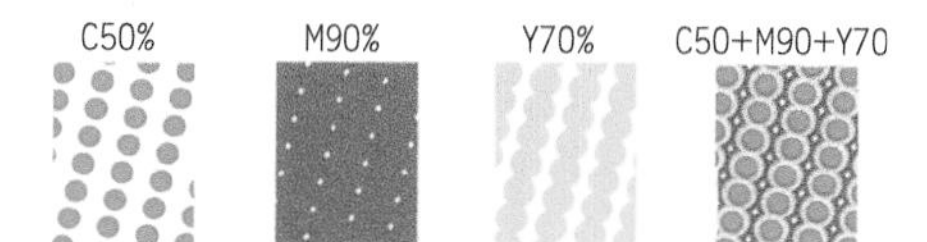

图6.4 印刷物的CMYK颗粒 [正文 P.65]

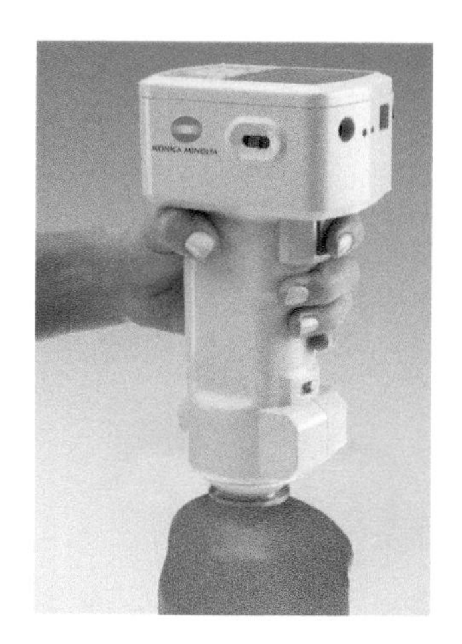

图 6.11 色彩计[正文 P.69]
（产品名：分光测色计CM-700d，资料提供：柯尼卡美能达读解公司）

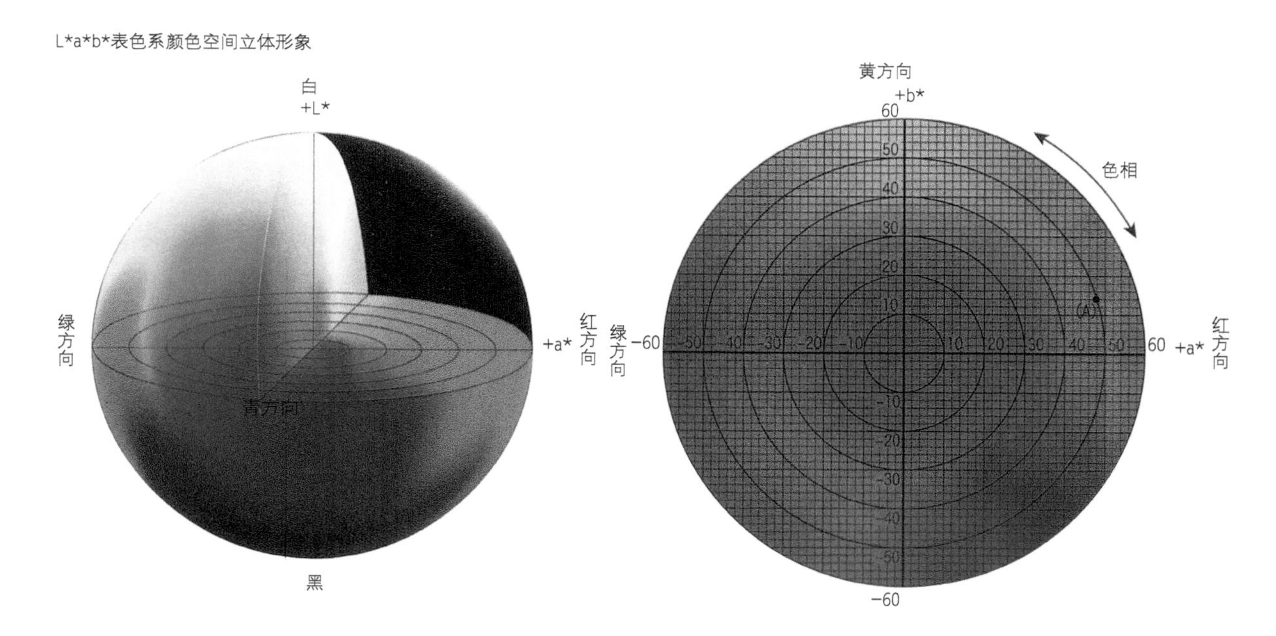

图 6.13 LAB表色系图 （资料提供：柯尼卡美能达读解公司）[正文 P.71]

①设定整体形象的色调

比如，选柔和温暖的形象。达到这种效果要以软、淡灰色调为基础，反差要小，头脑中应描绘这样一种整体色调。

②具体颜色的确定

通常从构成房间轮廓的地面、墙面、顶棚等部位的较大面积（基础色）上开始，顺序决定具体颜色。

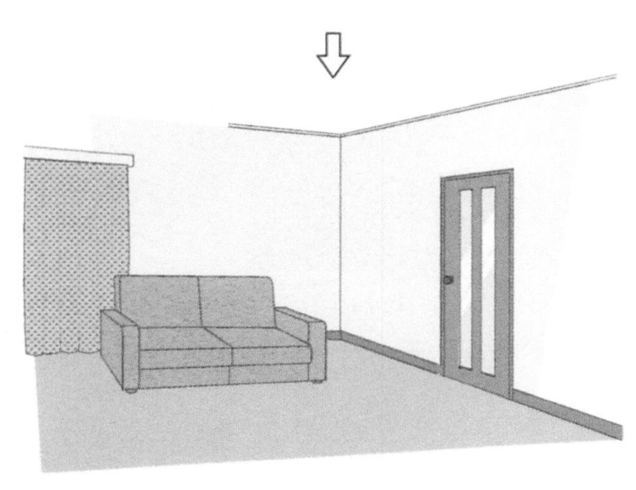

③门窗、主要家具、窗帘等辅助色的具体选定

已事先定好喜欢的家具时，就以此作为室内的重点加以突出。其他颜色与其作对比处理，还是使其服从整体作类似调和处理，都要事先考虑好为宜。

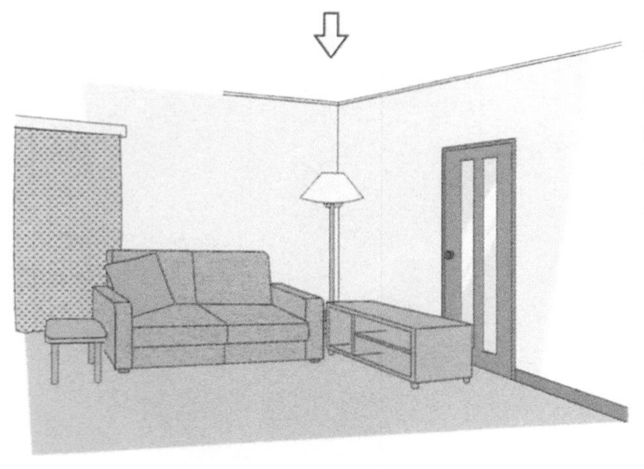

④作为突出色处理的小物件的选择

如侧桌、照明灯具等。家具类依容量可做辅助色也可做突出色。

作为突出色应选择便于更换的沙发垫、小件饰物等个体较小的东西。

图 8.3 室内装修的配色步骤（为了配合文字说明，门放在家具之后叙述。）[正文P.89]

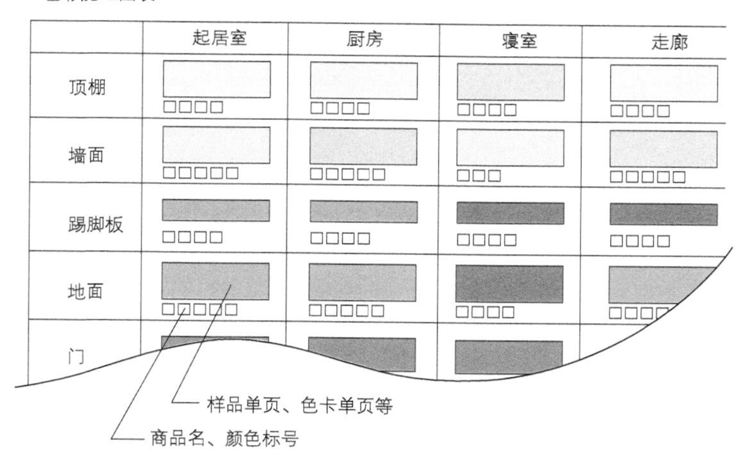

图 8.4 完成图表 [正文P.90]

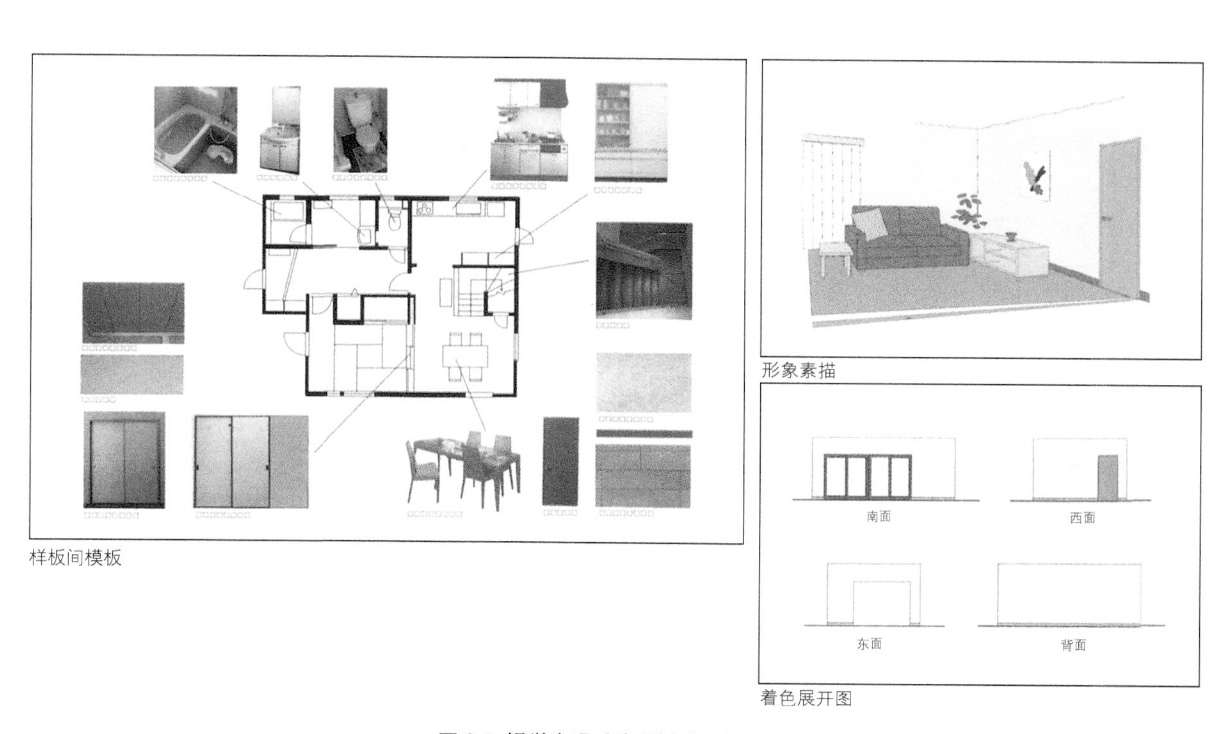

图 8.5 视觉表现手法举例 [正文P.90]

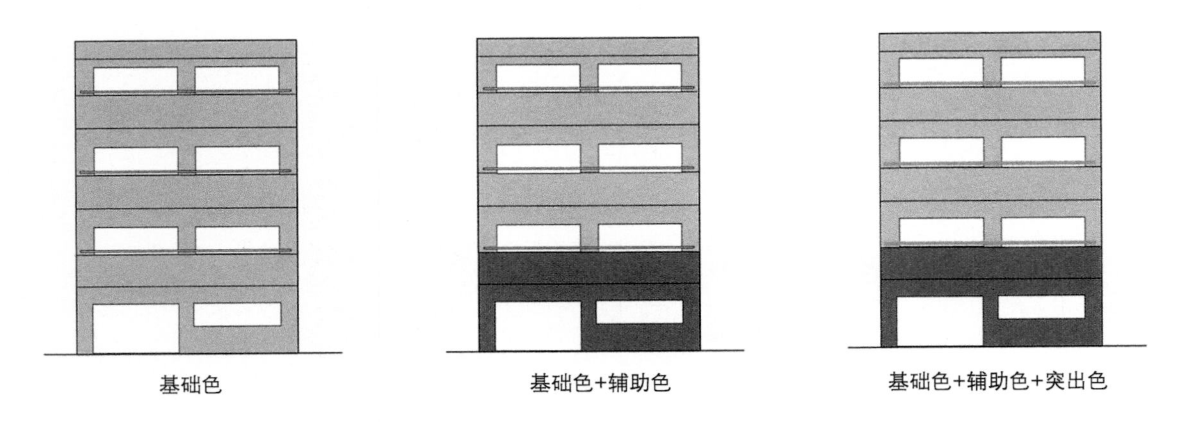

图 8.7　面积均衡［正文P.92］

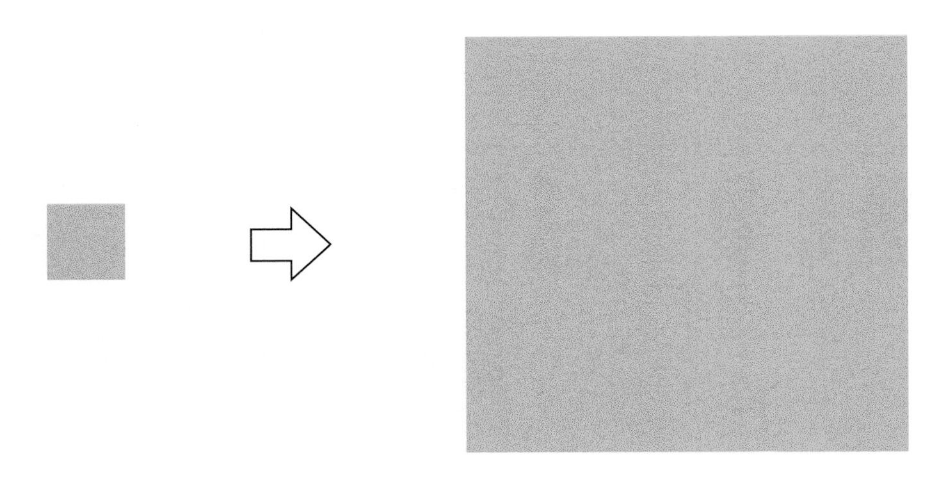

图 8.8　面积对比［正文P.92］

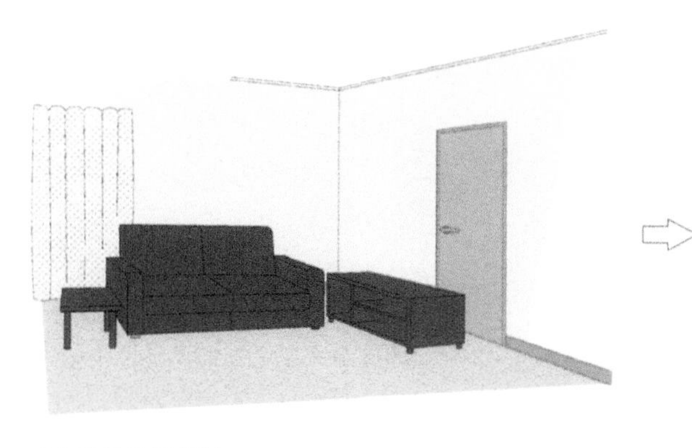

(A) 家具为暗色时

用明度在家具色与地面色之间的碎布垫、坐垫等小物件调整。

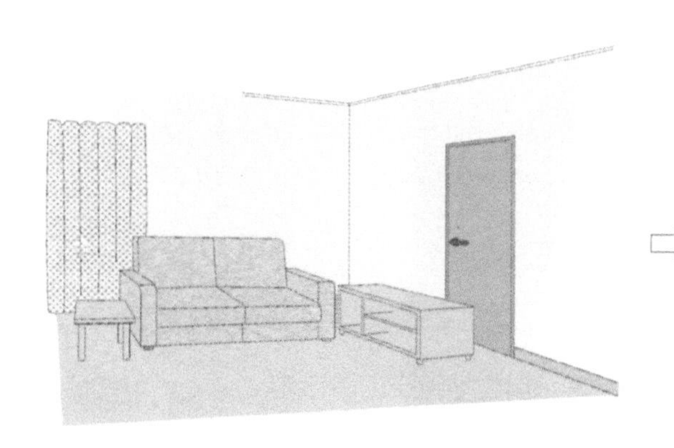

(B) 家具与地面无明度差时

用暗色加大明度差或以鲜艳的物品增加纯度差来调整。

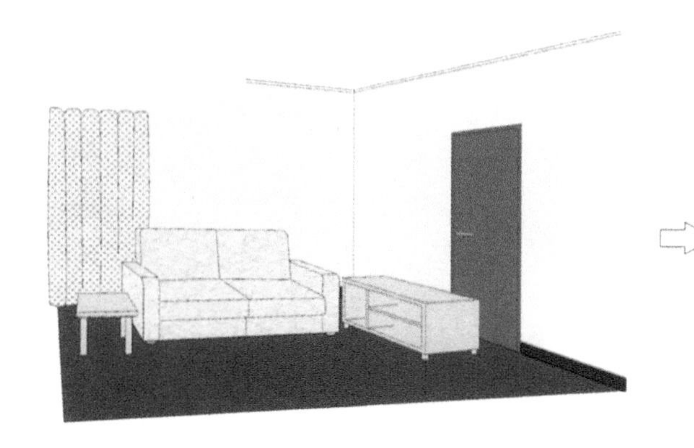

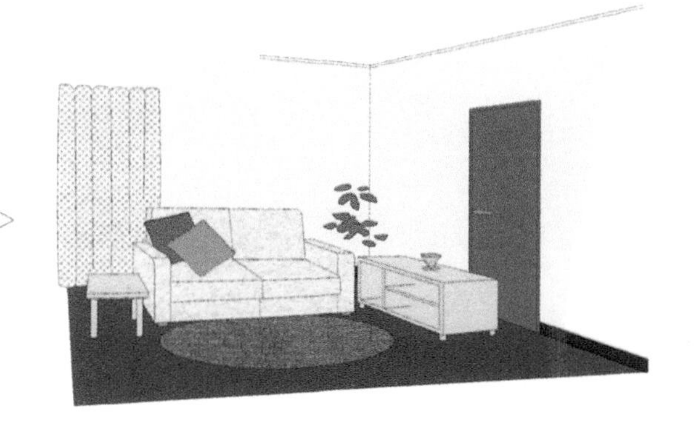

(C) 地面暗色时

用明度在家具色与地面色之间的碎布垫、坐垫等小物件调整。

图 8.10　地面与家具的调整（为了配合文字说明，门放在家具之后叙述。）[正文P.95]

自然色彩和谐配色

非自然色彩和谐配色（综合配色）

自然色彩和谐配色

非自然色彩和谐配色（综合配色）

图 8.13　自然色彩和谐 [正文P.96]

■ 暖色（黄及其色调）
显得什么色都掺进了黄色

■ 冷色（蓝及其色调）
显得什么色都掺进了蓝色

图 8.14　暖色、冷色的颜色分类[正文 P.97]

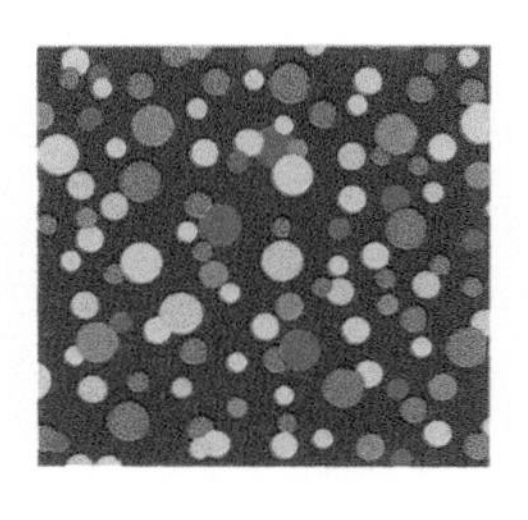

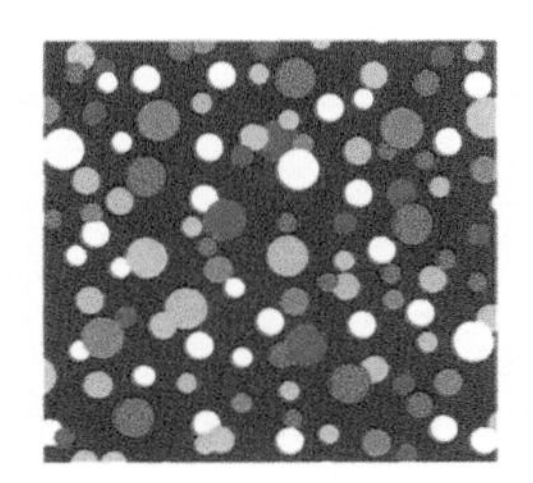

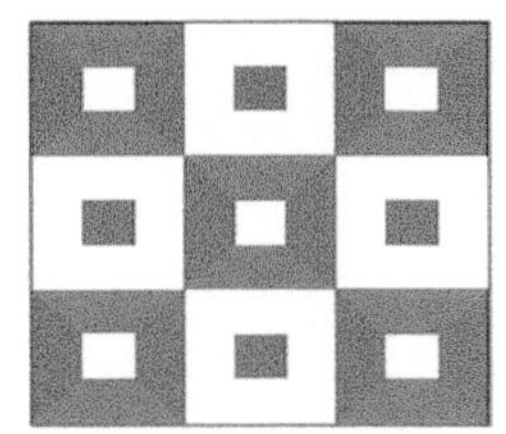

图 8.15　白色效果[正文 P.98]

第9章

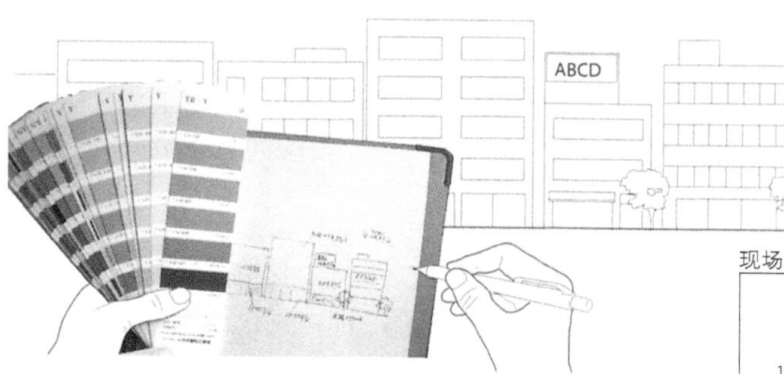

将外观色与色卡簿比照，记下它的孟塞尔值。
色卡簿使用（社）日本涂料工业会发行的《涂料用标准色卡簿》（上方照片）、日本JIS标准协会发行的《JIS标准色卡》等标准。
为便于把握景观色调，不必将色卡放到墙上去严格测色，从适当距离上观察对比进行测色即可。
外墙上有瓷砖等多种颜色混在一起时，平均起来测出一定程度即可，如有突出色就要分析研究突出的用意及色相、明度、纯度等要素。

图 9.1　带着色卡去现场调查 [正文P.103]

现场调查结果做可视性表示的实例

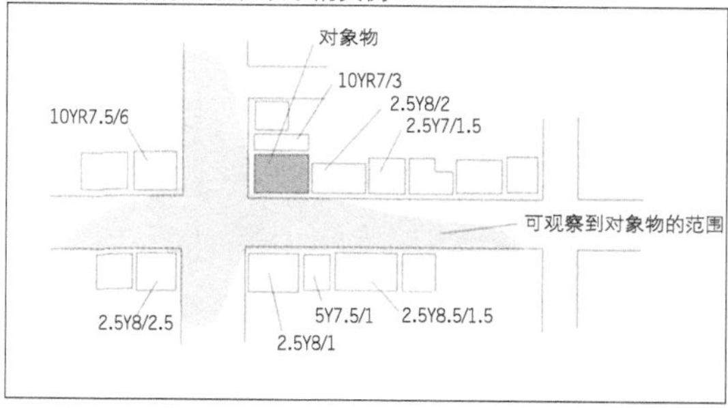

图 9.2 填好调查结果的地图 [正文P.103]

CG彩色模拟

图 9.4 可视性表现手法举例 [正文P.106]

外墙一层、二层的配色自然色彩和谐举例

非自然色彩和谐的配色给人感觉不舒服

图 9.5 建筑物外观的自然色彩和谐 [正文P.107]

（彩页图版P.11的外观配色举例，也属于自然色彩和谐的配色）

图 10.1　如果电线、电柱消失……　（CG色彩模拟提供：ESTEEI公司）[正文 P.112]

彩色构架	—	红		黄红							黄		
色名	非彩色	红		黄红			黄						
色相	N	5R		2.5YR			7.5YR				2.5Y		
明度 9													
8.5													
8													
7.5													
7													
6.5													
6													
5.5													
5													
纯度 ▶	0	1	2	1	2	3	1	2	3	4	1	2	3

防止突出的色相范围参考值

图 10.3 大阪市色彩景观基调色的参考值（大阪市色彩景观规划指南“温和的”）[正文.P114]

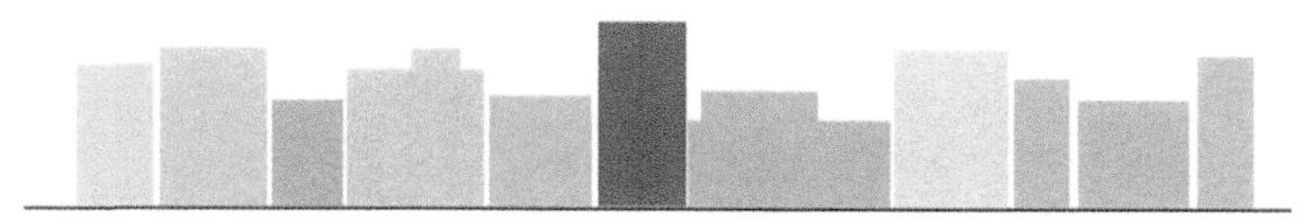

确属高水准者可作为当地地标，加以突出；

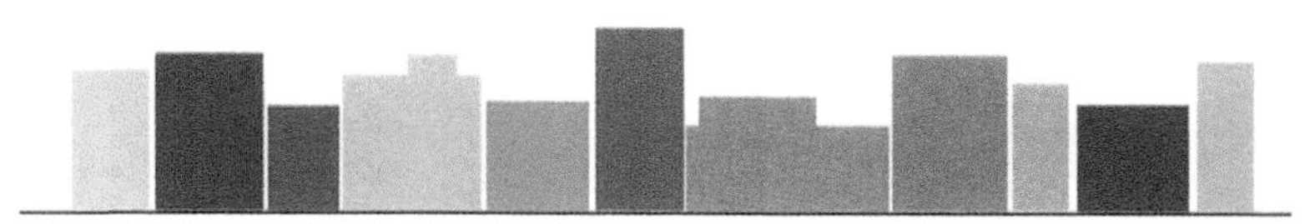

多处出现这种独特颜色，街区就杂然无序了；

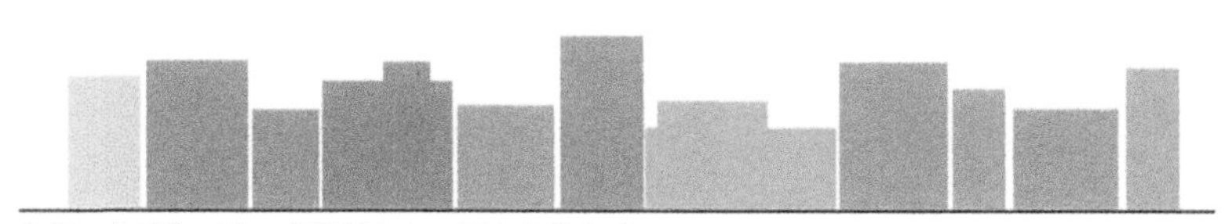

色相、色调统一到一定范围之内，可产生秩序感。

图 10.2　色彩景观规划的思路 [正文P.113]

	黄绿	绿	蓝绿	青	蓝紫	紫	红紫
	黄绿	绿	蓝绿	青	蓝紫	紫	红紫
	2.5GY	5G	5GB	10B	10PB	7.5P	5RP
3	1　2	1　2	1　2	1　2	1　2	1　2	1　2

防止突出的明度范围参考值

※印刷造成的颜色显示，与伴生着实际质感的色彩有区别。

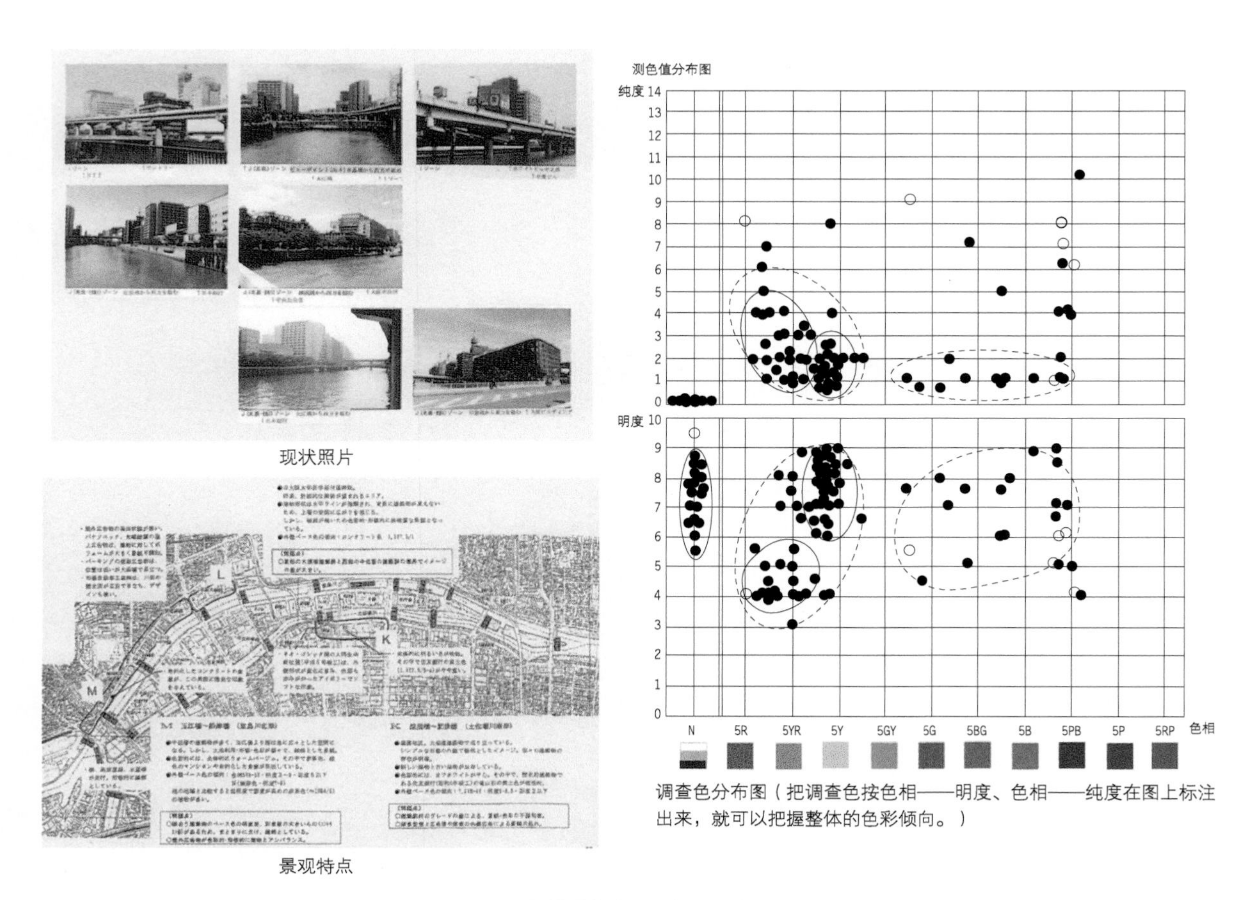

调查色分布图（把调查色按色相——明度、色相——纯度在图上标注出来，就可以把握整体的色彩倾向。）

图 10.4 景观调查表现一例 [正文 P.116]

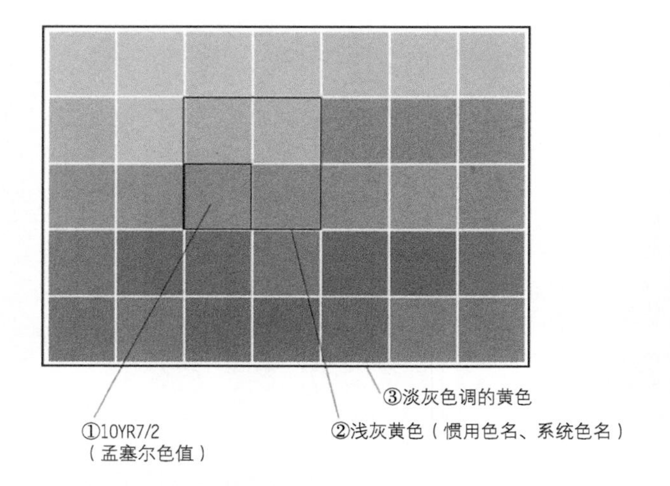

图 10.5 颜色表示的三个阶段（指大阪市） [正文P.117]

图10.6 大阪道顿崛的景观 [正文P.119]

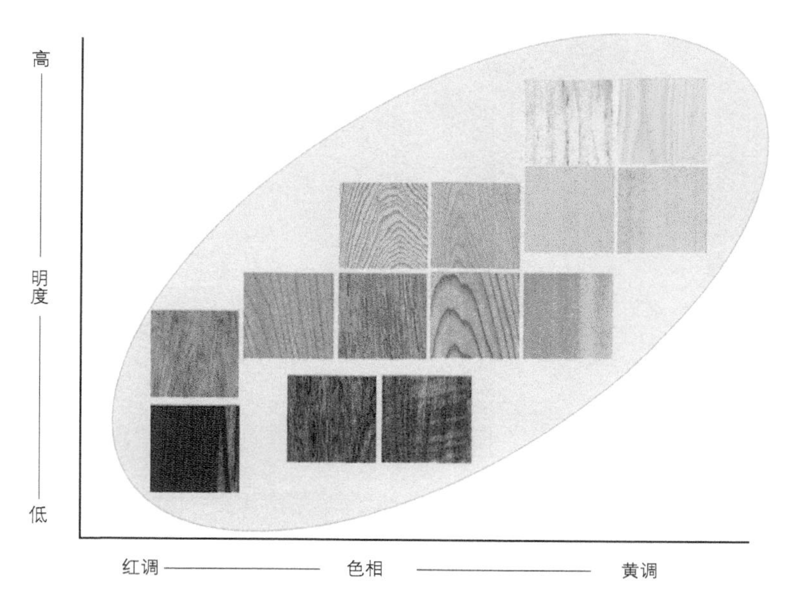

图 11.1　木材色相明度分布图 [正文P.120]

图 11.2　四季变化明显的美丽日本 [正文P.121]

图11.3 银杏、榉树、樱花树的霜叶 [正文P.122]

简单说就叫“绿”、“红叶”，可实际上它是带有微妙区别的各种颜色集合体。自然的绿叶其平均值为：2.5 ~ 5GY4 ~ 6/3 ~ 6，泛蓝较强的针叶树的叶子约5GY4/3。例如：

银杏：绿叶2.5 ~ 3.5GY3 ~ 5/3 ~ 5
（明亮部分可见明度为6）
黄叶2.5Y7 ~ 7.5/7 ~ 8、树干10YR3/1。

榉树：红叶7.5R2 ~ 3/4、 7.5R2 ~ 3/7 ~ 8
8R3/4 4YR4 ~ 5/6 ~ 8
5YR4/6 6.5YR5/7
10YR6.5 ~ 7/8 ~ 9、树干6YR3.5/1

樱花树：绿叶3GY5/6、红叶10R4 ~ 6/9 ~ 10

图 11.4 即使同样的颜色我们也能区分其质感和素材。 [正文P.123]

图 11.5 浓淡法的风景 [正文P.123]

色彩学基础与实践

[日]渡边安人 著
胡连荣 译

Let's enjoy your life by an interior design coordination, a construction design, the scene plan, and the color design.

中国建筑工业出版社

前言

如今学习色彩理论的人越来越多，尤其让人高兴的是对环境色彩抱有兴趣的人的增加。

但是，能将学到的色彩理论充分利用的人并不多见。本书着重为那些有志于室内装修、建筑、景观等环境色彩领域工作的人，就色彩理论及其应用手法作详尽的讲解。

对于准备开始学习色彩学的人，也可以作为入门书来学习。

卷末附有实习用的纸板，如果再另行购买配色卡（参照P.125），就可以进行色彩培训了。在越来越多的人对色彩的兴趣不断增长的同时，让色彩理论得到积极应用，正是本书的初衷。

作者

2005年1月

■彩页图版

※正文中的图序号用［ ］表示。

I　颜色的基础与应用

I 颜色的基础与应用

读者朋友在做室内装修或建筑物外观的配色时，根据什么方法选定颜色？是不是只凭感觉呢？缺乏自信的人会不会逃避问题，认为自我感觉可靠的人对自选的配色是否也会觉得有些片面？

色彩不仅存在于感觉世界，它已经形成了“色彩学”这门学问。从道理上来讲，避免失败的配色无论谁都不难掌握，应用色彩心理就可以进行完成符合目的的设计。掌握了这个道理，再努力提高色彩意识，你就可以做专业的配色师了。

第1章　颜色的表达方法

对他人表述某种颜色时，大致讲出形象色彩就可以，在色误差允许范围，有各种情况发生。因此，做图案或设计时，就要从学习色彩表达的方法开始。

1 色名

为了把特定的颜色表述给对方，可让他看实物或通过颜料、画笔及印刷等做成的色样本。可是，仅凭色名不可能准确表达色彩，只能表达大致的色彩状况，这时用的色名可粗略分为惯用色名和系统色名。

1 惯用色名

樱色、橙色、象牙色、土黄色、天蓝色等，只要知道这些东西就很容易联想到它的颜色，表达大致的颜色也很方便，这些就叫固有色名。自然界中存在的颜色、动植物、矿物（颜料）、染色材料（染料）等，从这些事物名称而来的为固有色名。这些色名中有很早以前用的，也有从过去沿用至今的，这些都是传统色名。像这样由固有色名、传统色名组成的各种颜色的名字就叫做惯用色名。

惯用色名有新出现的，也有过去被遗忘的，它们表现各自时代的价值观和特定的形象，并随着时代的更迭而变化。

日本工业标准（JIS）中刊载有269种惯用色名。一般情况下很少有人仅凭色名就能把这些颜色想象出来，如果是大家都知道的色名，那么用惯用色名就可以表达这种颜色给人的印象。

色名范例　　表1.1

来自植物、食物	橘色、橙色、柠檬色、棕色、樱色、桃红、玫瑰红、金黄（棠棣）色、橄榄绿、
来自动物	驼色、象牙白、鲜黄（金丝雀）色、橙红（鲑肉）色、茶绿（黄莺）色、孔雀蓝、灰（鼠）色。
来自染料	老红色(来自茜草的根)、蓝色（来自蓝色茎、叶）、红色（来自红花这种植物）、胭脂红（来自介壳虫）、姜黄色（多年草本植物郁金煎汁染成的黄色）、新桥色（明治时代，随着化学染料的普及作为一种时髦色曾在新桥的花柳巷流行，由此得名的明亮绿色。）
来自矿物（颜料）	红色颜料（印度、孟加拉传来的氧化铁颜料）、钴绿色（在氧化锌中加入硫酸钴加热后得到的颜料）、翡翠绿、青绿色（铜绿色：铜锈）、群青色（从飞鸟时代开始用于绘制岩画的天然颜料。）

决定产品、涂料的颜色以及调色时，需要周密考虑颜色的表达及管理，在色的表达上，我们根据后面的孟塞尔表色系、测色器，采用LAB表色系。

2 色名的发展

从“白”、“红”、“蓝”、“黑”这些状况的表现就可以产生色名。

“东方发白，天就快亮了”就像这句话所说的那样，“白”就是随着夜色退去，天空明亮了起来，所呈现的“白”，也可以说物体看得很清楚时那种“鲜明”，这都是“白”的来由；“黑”指日落后的昏暗状态；“赤”这个字的两个日文假名“あ”和“か”本来取自组成“鲜艳”一词的“あざやか”，其中的“か”在日语中有太阳的意思，日语有“红彤彤地放出光芒”这种说法。而从“青”所使用的两个假名中又可以看出介于明暗之间的微暗状态。

由此发展过来，“白”就是纯白，可产生明亮的颜色，“黑”就是玄青和稍带有色成分的暗色，就像“红”表示赤系–黄系（暖色系）；“蓝”表示绿系–青系（冷色系）一样，“白”、“黑”是用来表示明暗的词，“红”、“蓝”则成为表示色感的词。

此后，随着染料、颜料所带动的一个个颜色的命名，又分化出各种各样的色名，专指各自所具有的特色。

依色名的扩充，印染、颜料技术的发展以及颜色区分的需要，色名有增有减。比如，现在也有人说：“青青的绿草”、“绿叶”，看到绿色的虫子就叫它“青虫”，看到青光的灯就叫它“绿灯”，青和绿已经混用了（最近的信号灯已改为绿光了）。阿拉斯加土著的因纽特人长年生活在白茫茫的冰原上，即便这种随口而出的叫做白的颜色，也同样需要很多色名来区别。在日本，以微妙区别表达不同颜色的传统色名也有很多，但是，如今的日常生活中很多都已经被淡忘了，或许也因此让现代生活失去很多原本优美的情调。

3 系统色名

“红”、“黄”、“蓝”等用的是表现颜色的名词化色彩专用词即基本色名；以基本色名中习惯上常用的“明”、“暗”等，作为附加特定修饰语来表现颜色的色名就是系统色名。它的好处在于如果有些惯用色名记不起来了，仍可以凭各种颜色状况表达出来。JIS系统色名就是将基本色名作为特定修饰语，可以表达350种颜色。

无论用惯用色名还是用系统色名来表现，都有主观因素介入，所以，不同的人印象中的颜色也多少会存在一些差别。一般来讲，并非明确区分惯用色名和系统色名之后才使用，也没有必要指定应该使用哪一个。

◆JIS系统色名

① 基本色名……白、黑、红、黄、绿、青、紫七种，加上表示其中间色的灰、黄红、黄绿、蓝绿、蓝紫、红紫这六种，共13种基本色名（有彩色10种、非彩色3种）。

② JIS系统色名的色相关系……紫调红、红、黄调红、黄红、红调黄、黄、绿调黄、黄绿、黄调绿、绿、蓝调绿、蓝绿、绿调蓝、蓝、紫调蓝、蓝紫、蓝调紫、紫、红调紫、红紫。

③ JIS系统色名的明度及纯度的相互关系

·图1.1 中的修饰语是用于形容基本色名的修饰语。

图1.1 中的○表示基本色名（色相名），有红、黄、绿、蓝、紫等。

·《JIS色彩手册2001年版》中，对于很少一部分尚有色倾向的某些颜色采用“具有色成分的非彩色”这样一种表现方式，而实践当中，具有明亮这一要素的白色、灰色、黑色都总称为非彩色，非彩色以外的颜色一律称作有彩色，使其更通俗易懂。

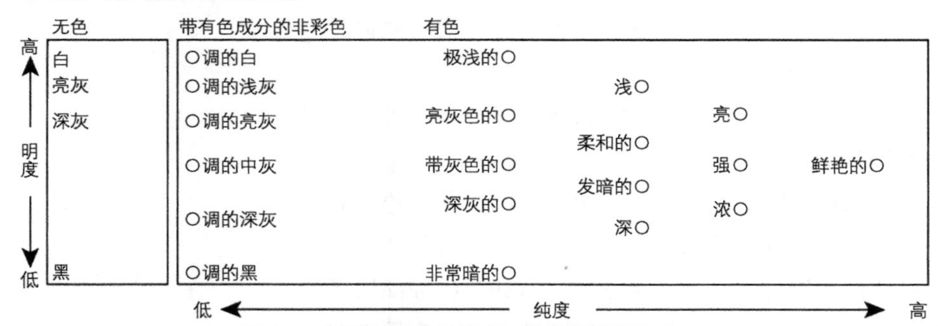

图 1.1 JIS系统色名的明度与纯度的相互关系

4 按表色系表现颜色

仅简单地称其为桃色，而实际上就有发红的桃色、发黄的桃色、淡桃色、深桃色等多种桃色。自己印象中的那个桃色，怎样表达才能让对方听明白呢？微妙的颜色区别很难通过惯用色名和系统色名来表现。

为了分清这些微妙的区别，准确地表达出来，有多种标准化的表现方法，客观、系统地把颜色归纳起来，这就是表色系。每个表色系都用特定的符号、数值来表达颜色，包括表色系及其色样本手册，合称配色系统。

日本普及使用“孟塞尔表色系”（另称孟塞尔体系、孟塞尔系统）和“PCCS”（日本色研配色体系）。日本工业标准（JIS）中的“按颜色的表达方法——三属性来表示”即以孟塞尔表色系为基础，规定了用符号、数值表现颜色的方法，供工业产品、建筑材料、涂装类等设计制图采用。

使用孟塞尔值的色样本手册包括：（财）日本标准协会的《JIS标准色卡》、（社）日本涂料工业会的《涂料用标准色样本手册》等，市场上可以买到。《JIS手册色彩》中的惯用色名用孟塞尔值表示。

PCCS是以便于配色为主要目的表色系。基于PCCS的配色卡等有很多教材，为中小学等做色彩教学时使用，讲究配色、色彩形象的服装行业也在广泛使用。本书的配色练习也采用基于PCCS的配色卡。

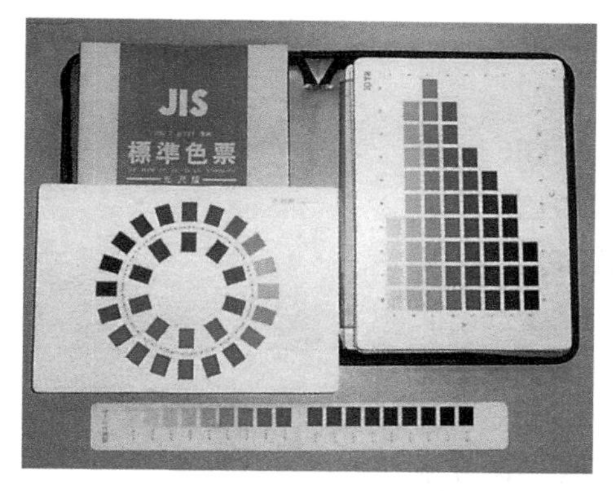

图 1.2　JIS标准色卡（日本标准协会发行）[彩页P.2]

图 1.3　涂料用标准色样本手册（日本涂料工业会发行）[彩页P.2]

在孟塞尔表色系、PCCS之外，为人熟知的还有奥斯特瓦尔德表色系、NCS（瑞典工业标准）、DIN（德国工业标准）等，测色方面有CIE（国际照明委员会）表色系。

❷ 表色系

颜色由“色相”、“明度”和“纯度”三要素构成。孟塞尔表色系也好，PCCS也罢都要具备构成颜色的三要素，每个要素用符号、数值表示。为了方便使用，按系统排列编印色样本手册。配色作业时，把颜色分解成这三要素，只要分清它们的相互关系做起来就很简单。所以，我们首先就从分解三要素，掌握色彩开始学起吧。

1　颜色的三属性

我们眼里看到的所有颜色都是由“色相”、“明度”和“纯度”三要素构成，这就是颜色的三属性。

① 色 相

我们认识颜色的时候，有红、黄、绿、蓝等不同的色映入眼帘，这些色状态也叫色相。

通过视觉把色相的不同表现出来就便于利用了。所以，从红开始依次为橙、黄、黄绿、绿、蓝绿……像这样按相似色相的顺序把它们环状排列起来，这种以图来表现的方式叫色相环。

色相环中按180° 相对的一对颜色叫补色。

② 明 度

明亮的程度即明度。

首先把最暗的颜色黑色放在下面，最明亮的颜色白色放在最上面，将它们分置于上下两端。然后在黑到白的中间状态上把各种亮度的灰色，按知觉（心理的）上的亮度差等间隔地在黑与白之间排列起来，将其作为明度的基准（标尺）来使用。它们的名称即低明度、中明度、高明度。低明度指暗色，高明度即亮色。

③ 纯 度

同样的红色当中，既有鲜红（猩红、红色），又有暗红（褐红、小豆红、蟹红）。同一种色相，依其鲜艳程度的不同，人们感受其颜色印象的深浅也不一样。这种鲜艳（指清晰度）的程度就叫做纯度。换言之，如某种颜色中混入白色，它就会变清而淡（称明清色），混入黑色则变成暗淡色（称暗清色），混入灰色（白加黑）则变得浑浊（浊色、中间色）。能将各色相变得更鲜艳的白、黑或灰的混入量即纯度。

每种色相的最鲜艳的颜色叫做纯色。将淡色、浊色及暗色称作低纯度色。

不具备色成分的白、灰（各种亮度的灰色）及黑色称作非彩色（Neutral color）。白、灰、黑以外的颜色皆称为有彩色。非彩色其纯度的数值为0，越鲜艳该数值越大。严格地讲，灰白色（不是很白的白）这一叫法是稍带有色成分的也属于有彩色。但是JIS却将其表述为“具有色成分的非彩色”。

2 孟塞尔表色系

美国一位叫孟塞尔的画家同时也是教师（Munsell）于1905年设计了这种表色系，他是将色的三属性置换成符号、数值来表示的第一人。其后，美国光学会于1943年修订了孟塞尔色卡的等步度性，将孟塞尔表色系与CIE表色系结合，用测色器就能把测色数据换算成孟塞尔色值。目前使用的就是这种“修订的孟塞尔表色系”，通常简称为“孟塞尔表色系”（以下修订孟塞尔表色系均省略为孟塞尔表色系）。

1959年，孟塞尔表色系按 “JIS-Z8102颜色表示方法用色的三属性表示” 被日本工业标准采用，“JIS-Z8102物体颜色色名”则将惯用色名的269色与孟塞尔值对应起来表示。孟塞尔表色系的标注方法简单，易于直观给出颜色的形象，所以，涂料颜色的表现及工业产品的色彩设计等用得比较普遍。

① 色 相（H：hue）

孟塞尔表色系列出R（红）、Y（黄）、G（绿）、B（蓝）、P（紫）五大基本色，作为其中间色相还列出了YR（黄红）、GY（黄绿）、BG（蓝绿）、PB（蓝紫）、RP（红紫）共分列出10种色相。每种色相再进一步细分为10等分，总计设有100种色相。

色相符号与10个识别数字组合起来标注。比如“红”,从1R（紫旁边的红）到10R（黄旁边的红）为红的所属范围，用来更仔细地区别该颜色。但是，实际颜色样本上做不出将100种颜色全部列出的色相环。《JIS标准色卡》所列10种色相中每种做成2.5、5、7.5、10数值的色卡（颜色样

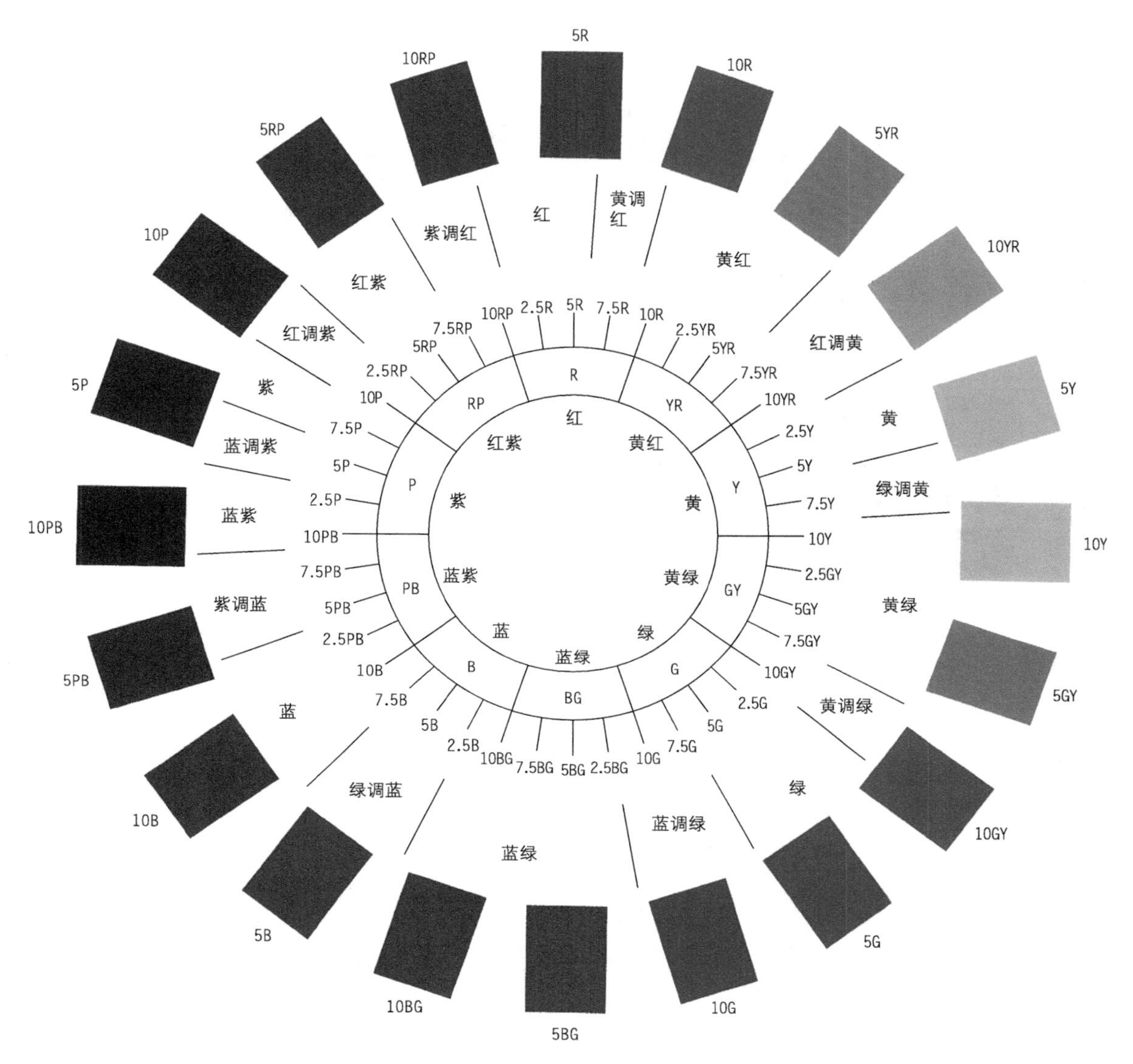

图 1.4　色相环（孟塞尔色相环与JIS系统色名）[彩页P.2]

本），合计列出2000种以上颜色，设计图案时可作为色值准确的基准色用来指定颜色等。

孟塞尔色相环中，某种颜色和与其相对的色，两者混合时就会变成非彩色。在这层关系上，该颜色就叫物理补色。

② 明 度（V：value）

设理想的黑（反射率为0%的表面色）为0，理想的白（反射率为100%的表面色）为10，把其间可感觉的亮的程度分割成等间隔的10个阶段，列入各种亮度的灰色。与色卡上各明度值所记载的灰色一样亮的有彩色横排在一起。于是，横排的颜色无论鲜艳还是昏暗，都是亮度相同的颜色。

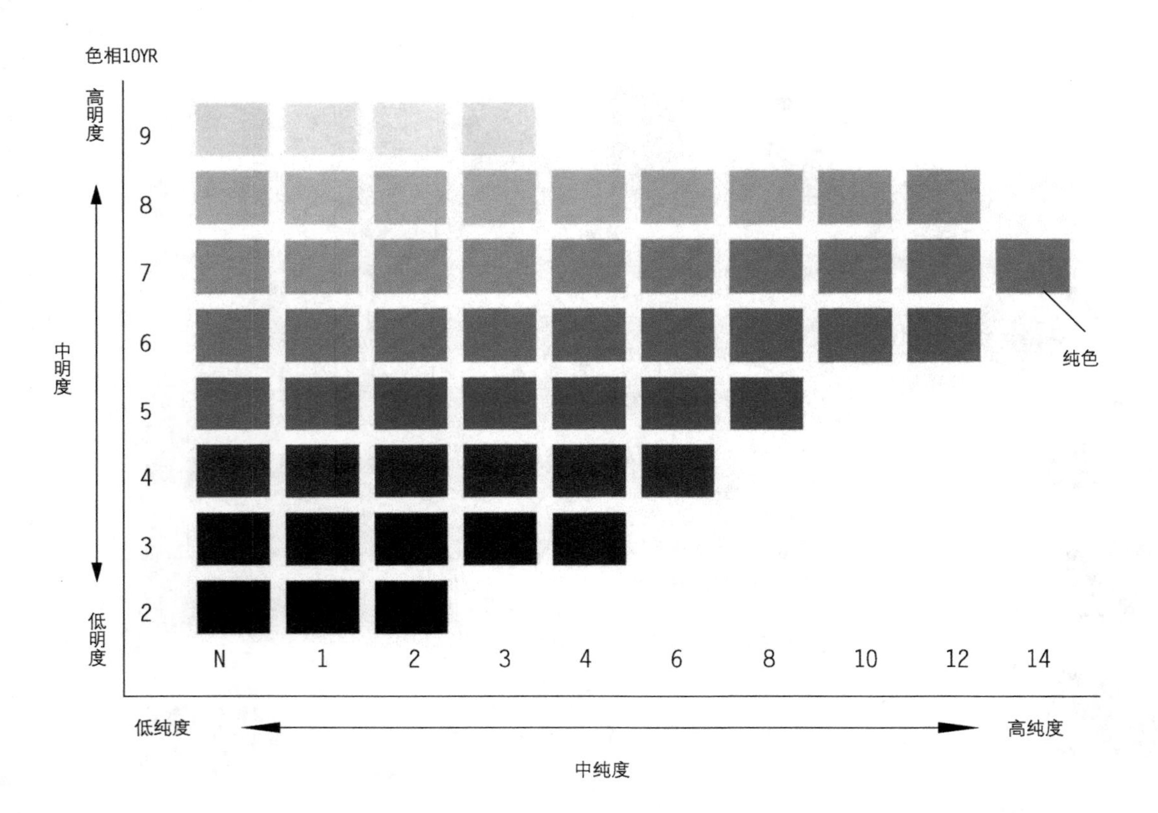

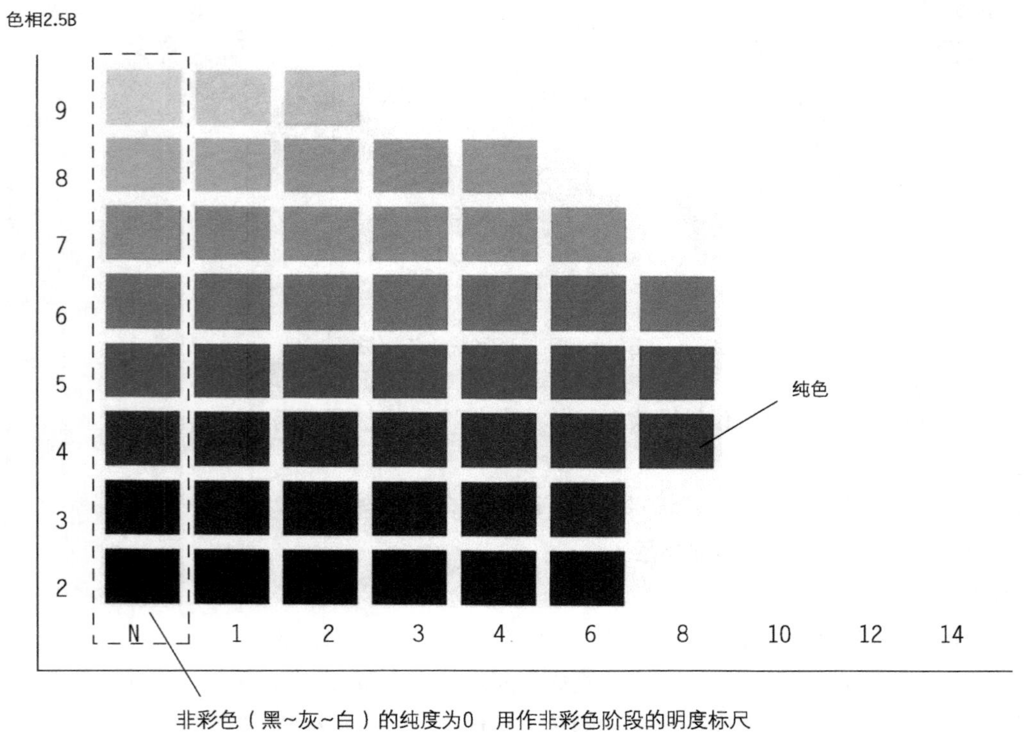

图 1.5　孟塞尔表色系的明度-纯度图 [彩页P.3]

日常生活中的黑色其明度大约为1，白色可达9.5左右。生活空间里明度为5的建材等给人感觉较暗，出现频度较高的多在6～7.5，感觉为中等明度。

③ 纯　度（C：chroma）

从非彩色开始增加些颜色，并按知觉程度用等差间隔排列起来。以非彩色为0，从非彩色开始用数值1、2、3……递增表示。

孟塞尔表色系中，进入高纯度的区域就会发现，虽然鲜艳感相同，但纯度数值却不一样。比如，纯色的红其纯度为15，绿调的蓝色其纯色为8。这是因为从纯色到非彩色之间，可识别的纯度差处在随色相改变的背景上。

④ 色的表示方法

颜色的表示按色相、明度、纯度这一顺序标注。

◈示例

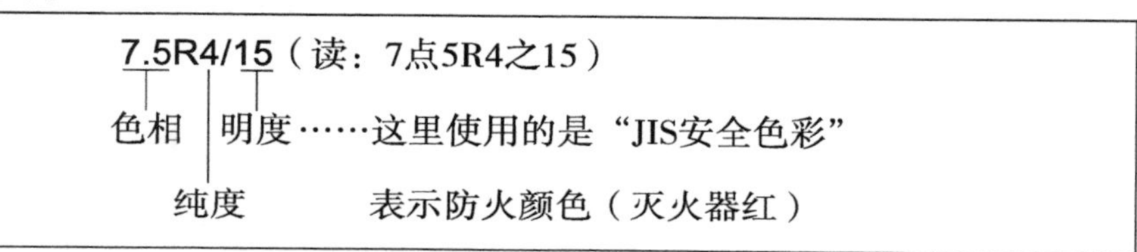

非彩色的白、灰、黑用N（neutral的字头）后缀明度值，如N5、N7.5（分别表示明度5、明度7.5的灰色）这种表示方法。

⑤ 色立体

色立体是将色相、明度、纯度的相互关系用立方体来表示的一种形式。

纯色中如混入非彩色，纯度就会下降，所以，各种色相的纯色都置于外侧，直接可以看到的所有颜色都存在于色立体中。

如图所示的10YR、2.5B“明度-纯度图”相当于色立体的纵断面，一个断面所显示的各种颜色都属于同一色相。10YR则全部都是10YR，色觉都是红调的黄色。日常生活中，靠近10YR的颜色属高纯度的有金黄色、橙色，中～低纯度的有咖啡色、淡灰褐色，低纯度低明度的有深褐色等，分别称之惯用色名。

从上方俯视色立体，看到只是各色相的纯色的排列情况，就是通常所采用的色相环。

3 PCCS（日本色研配色体系）

PCCS (Practical Color Co-ordinate System)是日本以色彩调和为主要目的，在修订的孟塞尔表色系的基础上于1964年开发的。

① 色　相（hue）

色相以2红、8黄、12绿、18蓝（赫林的心理四原色）为基础，将其心理补色置于色相环的相对位置上。然后，增加了4色并将12色相分割，以便等间隔地感受色相差。接着又进一步为12色相加进了中间色相，用24色来表现。

所谓心理补色就是凝视某颜色一定时间后，把目光移到一张白纸上会有残留影像出现在那里（参照P.60 “补色后像”、[彩页P.19]）。

② 明 度（lightness）

明度与孟塞尔明度一样，以理想的黑为0，理想的白为10，而实际上将可以色卡化的明度1.5的黑色与明度9.5的白色置于两端，在1.5～9.5之间凭

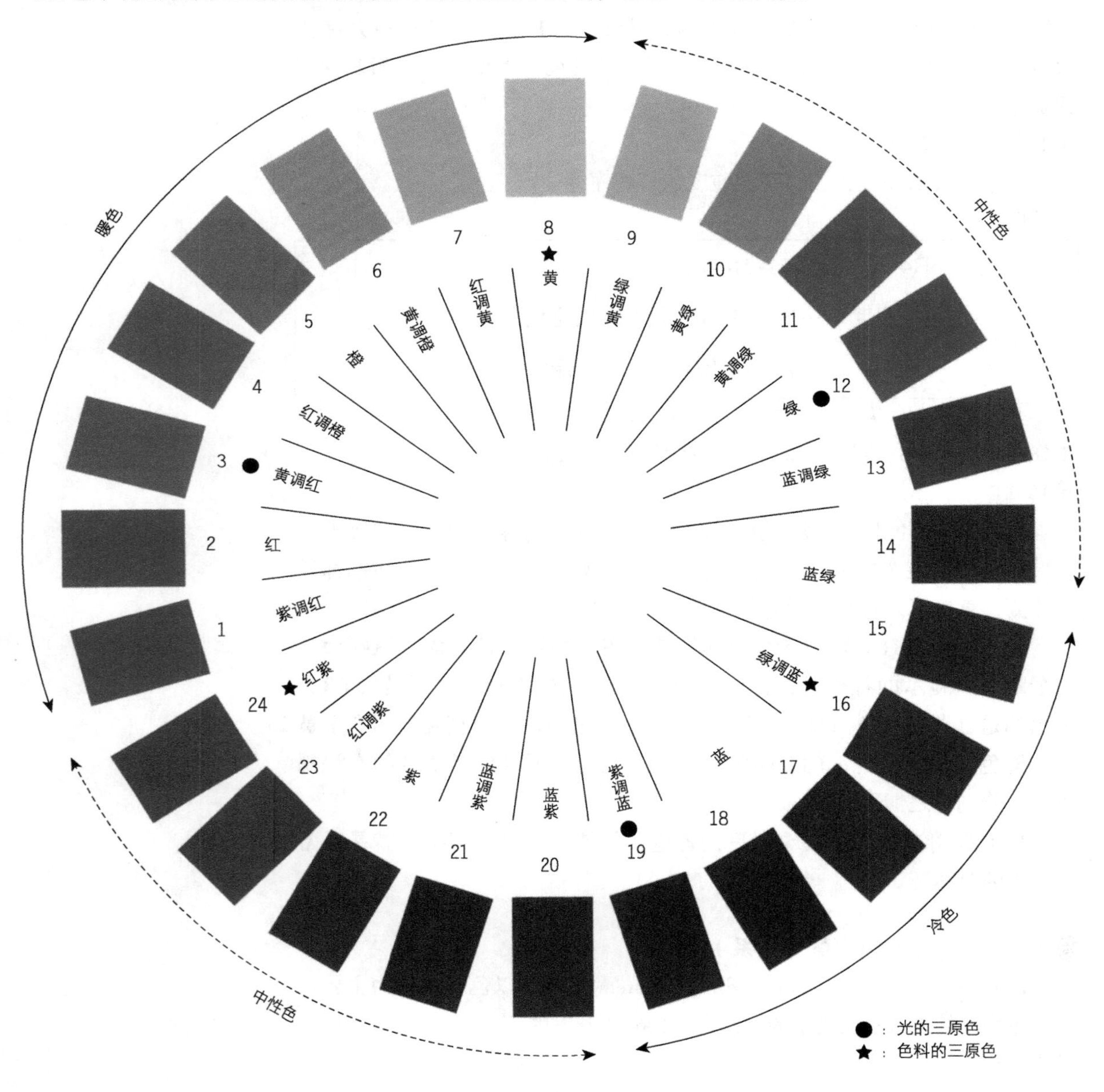

图 1.6　PCCS明度-色相 [彩页P.4]

同样感觉分出17等分。这样就可以与孟塞尔明度的0.5间隔对应起来。

③ 纯　度（saturation）

对所有的色相而言，纯度就是把理想概念上的纯色设定为10s。有可能用颜料再现的最高纯度（现实的纯色）为9s,在纯色与非彩色之间按感觉程度做了等间隔的分割。

④ 色　调（tone）

PCCS主要将其用于配色，其特征在于光泽与色调系统上由色相和色调两大要素构成。

就像“鲜艳的蓝”与“淡蓝”那样，“鲜艳”、“明亮”、“淡”、“浓”、“暗淡”等形象，它们的色相都是相同的。即便色相有差异，也将来自颜色的共同印象称作tone（色调）。换言之，tone就是明度与纯度复合起来的色的状态。

PCCS将工作颜色分成12种色调，每种色调中任一色相都同样令人感觉鲜艳（纯度）。但是，高纯度色调越明显，同一色调内各色相的明度差异越大，黄系色趋于明亮，蓝紫系色趋于暗淡。

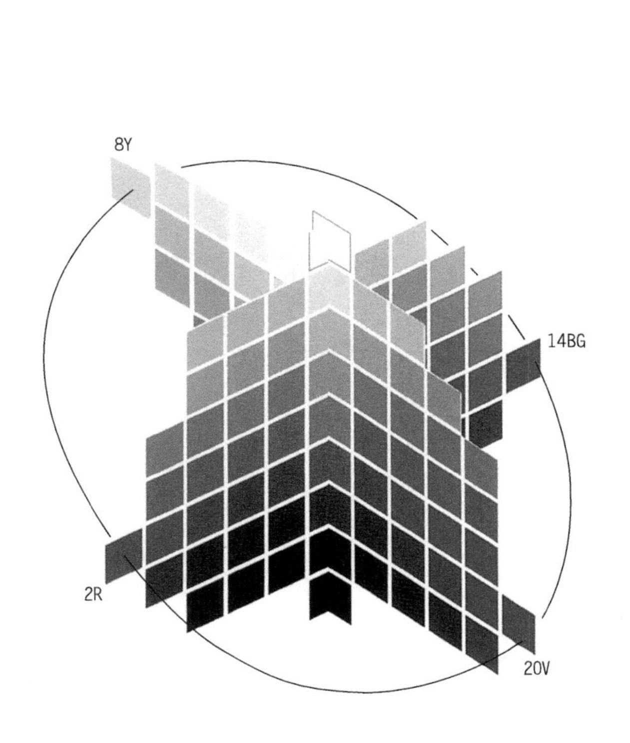

图 1.7　色立体 [彩页P.5]

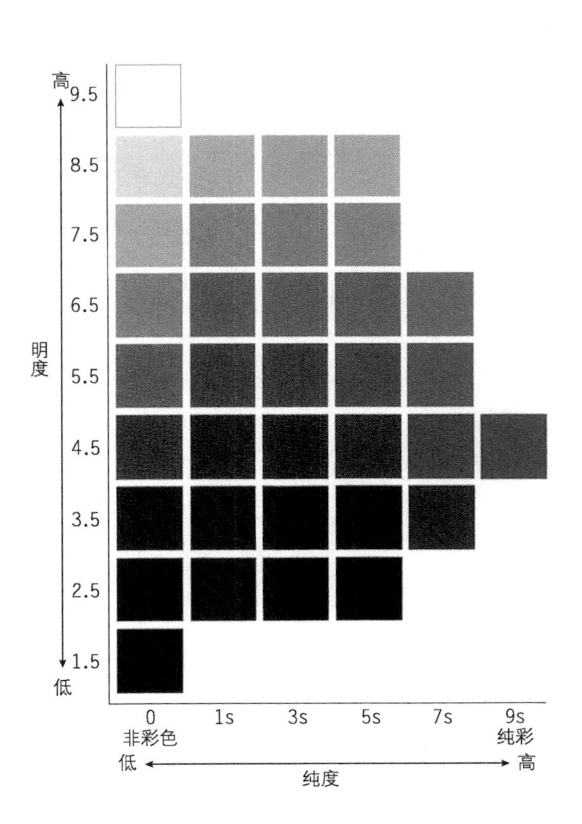

图 1.8　PCCS明度-纯度的关系 [彩页P.5]

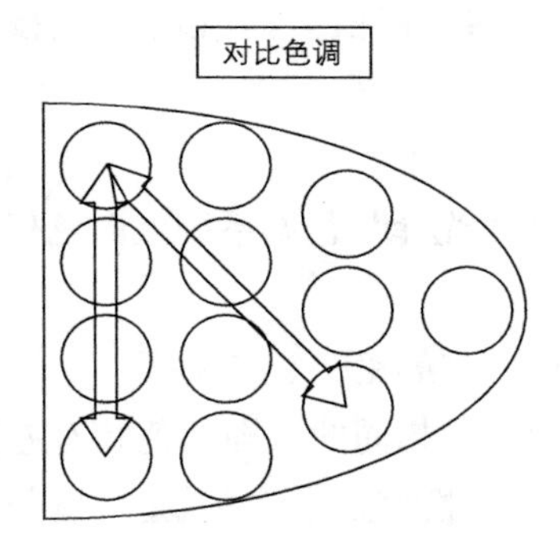

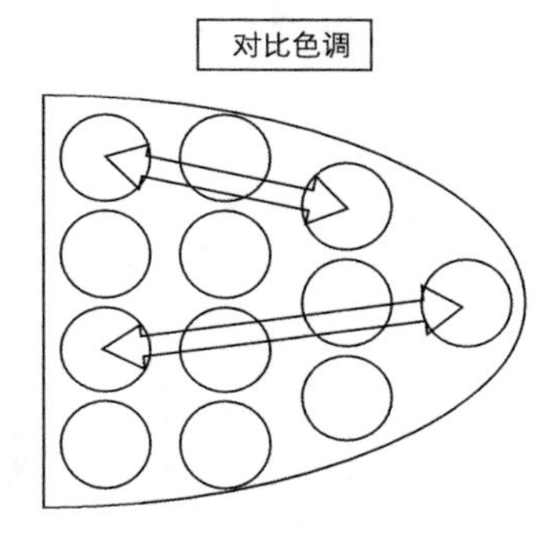

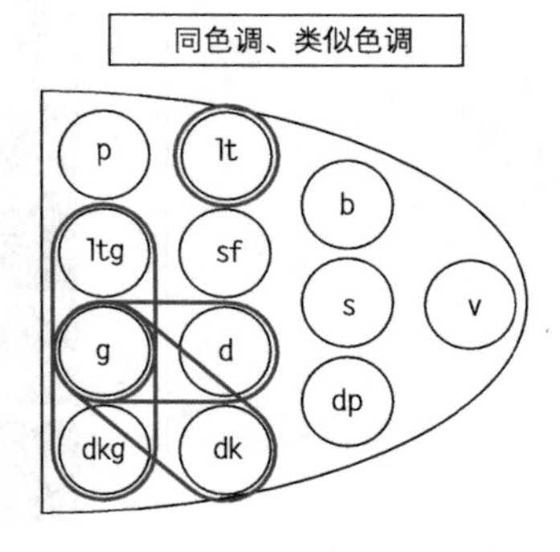

图 1.9　色调的相互关系[彩页P.6]

(关于色调的5种分类请参照P.114)

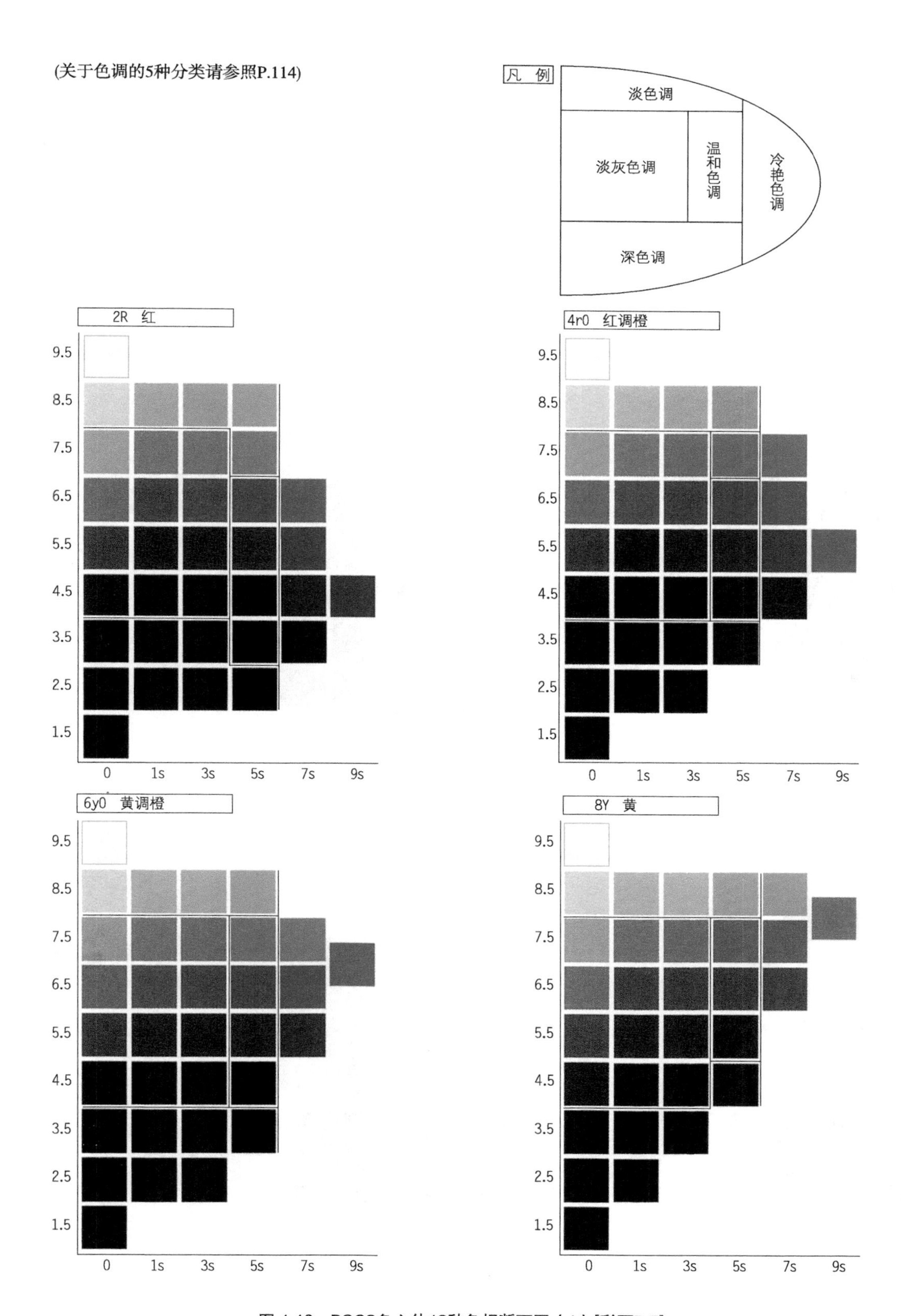

图 1.10 PCCS色立体12种色相断面图（1）[彩页P.7]

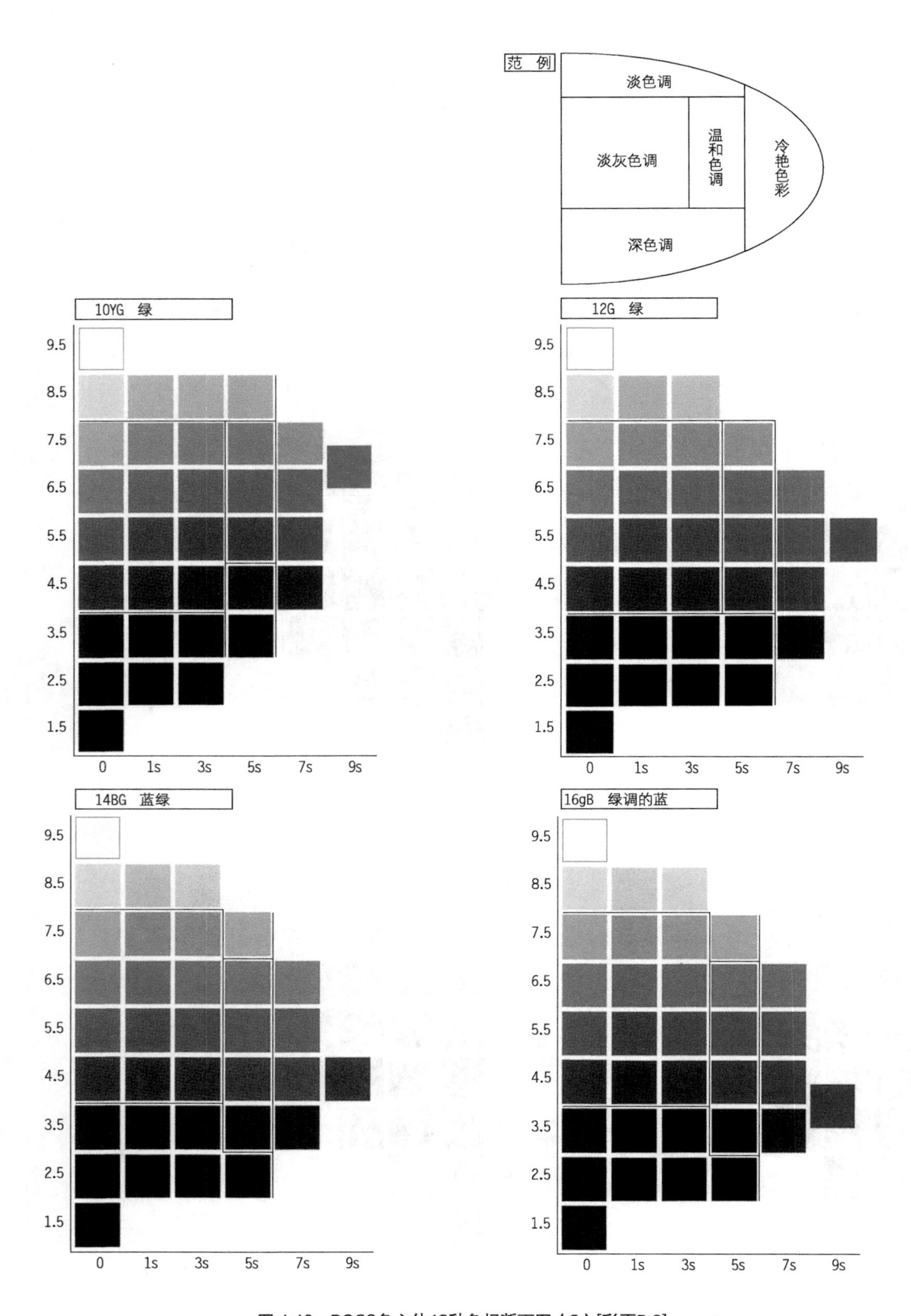

图 1.10 PCCS色立体12种色相断面图（2）[彩页P.8]

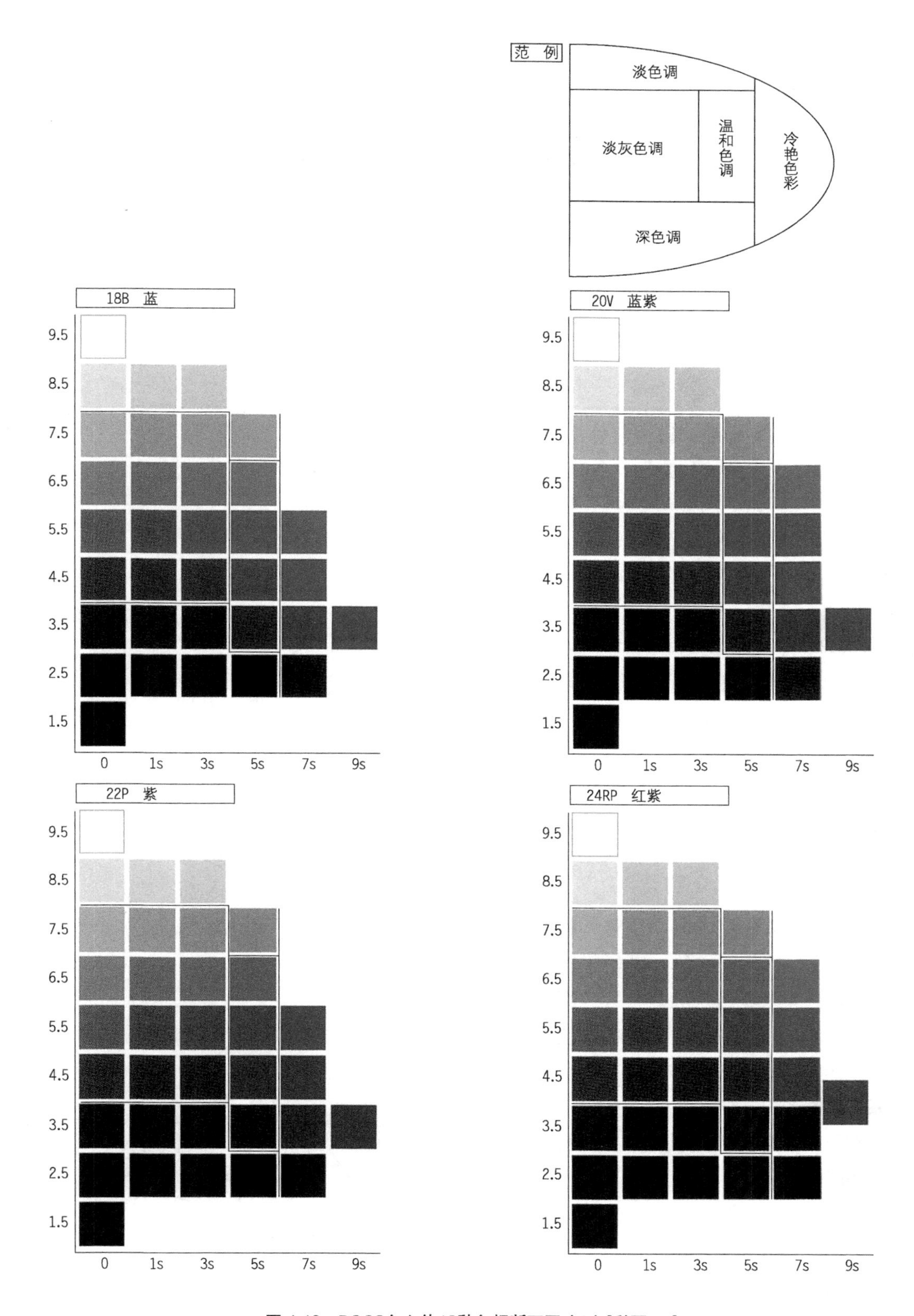

图 1.10 PCCS色立体12种色相断面图（3）[彩页P.9]

⑤ **颜色的表示方法**

PCCS用色相和色调表示。比如，鲜艳的红色为v2（冷艳色调的第二号色）、或者用色相、明度、纯度来表示，即：2R-4.5-9s。

PCCS以便于准备调和配色为主要目的，所以，不能用于严谨地指示颜色。室内装修和建筑行业表示色相、明度、纯度时，使用孟塞尔表色系。

4 奥斯特瓦尔德表色系

因研究触媒而获得诺贝尔奖的德国化学家奥斯特瓦尔德（Ostwald），于1919年设计了这种表色系。通过表面色的平均混色得到的表色系做成了色卡。

① **色的捕捉方法**

将入射光完全反射的理想表面视为白色，将所有的入射光完全吸收的理想表面视为黑色。以一定的波长为界，各波长的反射率为0或1，而实际上并不存在的理想纯色（完全色）是一种假设。用白色、黑色、纯色的混合比（混合量）就可以表现各种颜色。

白色量(W)+黑色量(B)+纯色量(C)=100%

② **用色卡表示**

色相指赫林（Hering）的色觉相反色说（心理四原色）中红和绿、黄和蓝这种以成对为基础的24色相来表示。色相环中两两相对的色如混在一起就变成非彩色，形成物理补色关系。

虽然是混色系但也做成了色卡，通过转动圆盘混色，制成面积比色，将与其同等的颜色色卡化。

在等色相面，将纯色置于边部，形成一个以明度台阶为边的正三角形。

色立体上各色相的纯色置于同一位置，所以，就像算盘珠一样形成匀整的立方体。既便于选出同色调的颜色，又便于考虑颜色的协调。另一面，所有的纯色都处于色立体中的等高位置，各颜色的明度和非彩色的明度台阶并不对应。

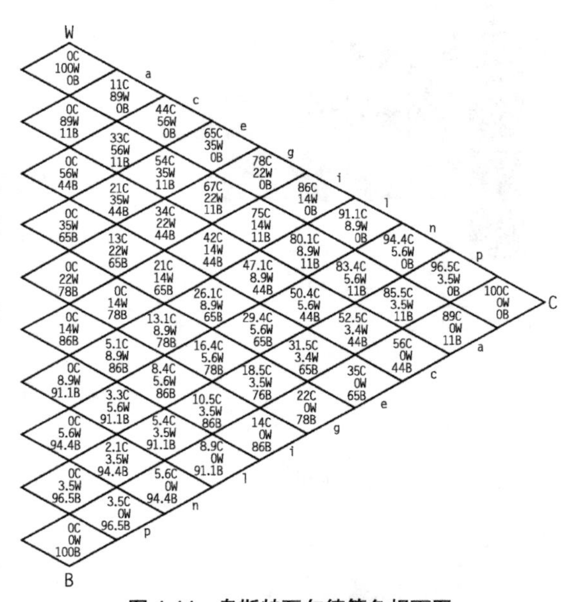

图 1.11 奥斯特瓦尔德等色相面图

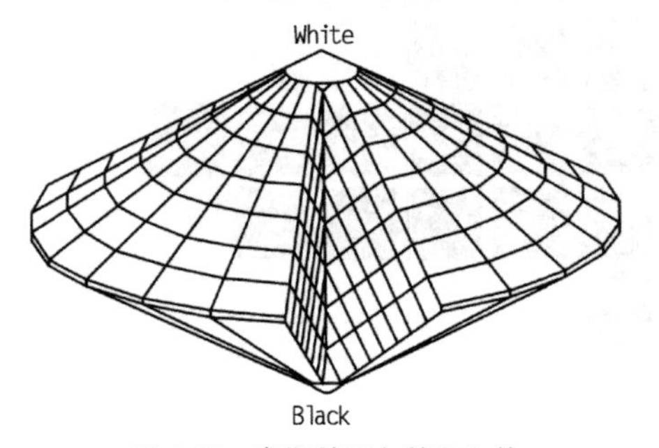

图 1.12 奥斯特瓦尔德色立体

【**参考**】**混色系与显色系**

将颜色以符号、数值表示，形成体系化的这一形式叫表色系，可分为两种。

- 混色系——将色作为色光来捕捉，是基于色刺激的混色比例做成的表色系。用于测色、颜色管理的表色系有CIE（国际照明委员会）LAB表色系、奥斯特瓦尔德表色系。

- 显色系——将物体颜色由感觉、心理上的颜色来区分，以色相、明度、纯度为线索做成色卡，用于颜色显示或形象设计的表色系有孟塞尔表色系、PCCS、NCS等。

5 NCS

赫林创建的Natural Color System用作表色系已经系统化，并为瑞典工业标准所采用。

① 颜色的捕捉方法

所有的颜色通过6种主要原色（白w、黑s、黄y、红r、绿g、蓝b）的心理性混合量来表示。

非彩色(w+s)和有彩色（c=y+r+g+b）的总量为100。

w+s+c=100

但是，红r与绿g、黄y与蓝b在心理补色上不能同时察觉，所以，加上白w和黑s最多用4原色来表示。

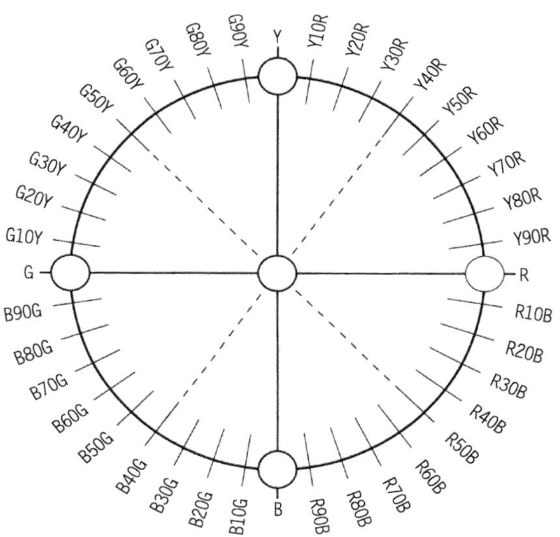

图 1.13 NCS色相环

② 通过色票表示

颜色体系的外观与奥斯特瓦尔德表色系类似，奥斯特瓦尔德属于混色系，而NCS属于显色系，NCS的色票按感觉（心理）上的比例，将色差等间隔地排列成色票。

颜色的表示按黑色量：纯色量：色相的顺序标注。

◆表示方法举例

某种颜色如果感觉上为白w=30%、黑s=20%、纯色c=50%这种比例，则S2050(W=100−s−c，所以w的量可以忽略)。如果从感觉上将色相c分为包括纯红60%、纯黄40%的混合状态，则Y60R(Y=100−60，所以Y的量可以忽略)，用“–”连接起来，表示为S2050–Y60R。

与有彩基本色为相同色相时，比如，S2050–R(S=20、C=50、色相=红)。

非彩色时，比如，S3000(S=30、C=0)。

纯色时，比如C–Y50R。

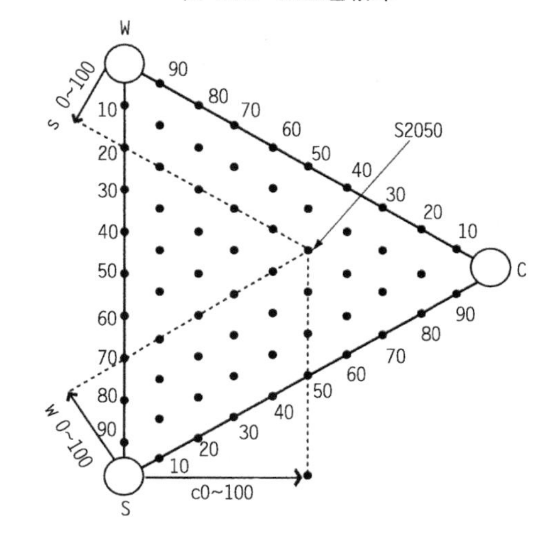

图 1.14 NCS等色相面图

第2章 色彩调和

自古以来有很多学者发表过色彩调和论，并以此作为现代配色设计的基础。通过学习他们的共同点，就可以掌握用于实践的配色调和的思路及方法。

 ——————有关混色、色彩调和的历史

学习色彩学的过程中，按年代记录了其间经常出现的人名及其业绩。其主要的人物及其内容分述如下。

1665年	波义耳（Robert Boyle、英国科学家） ・发表《色料三原色说》红・黄・蓝论文。
1666年	牛顿（Isaac Newton，英国物理学家） ・用三棱镜发现光谱及混色实验。 ・利用从三棱镜得到的七种色的混色，主张所有颜色都成立，以光谱的七原色为基础设计了连接光谱两端的色相环。
1802年	扬（Thomas Young，英国医学家、物理学家） ・发表《色觉三原色说》。 ・所有颜色都由红、绿、蓝混色而成。提出视网膜具有感知红、绿、蓝三种颜色的功能，依三种颜色的刺激程度感觉各种颜色这一假设。 ・用波动说解释了光的干涉现象。
1791～1810年	盖德（Johann Wolfgang von Goethe，德国） ・发表《色彩论》。
1831年	布留斯特（Sir David Brewster，英国苏格兰物理学家） ・发表著作《光学》。 ・主张色光三原色为红、黄、蓝（实际上是错误的）。以研究偏光而闻名，（偏光：只偏向固定方向振动的光波，应用于偏光显微镜等。）
1838年	费希纳（Gustav Theodor Fechner，德国物理学家） ・利用圆盘发现《主观色》（1894年贝纳姆完成主观色圆盘）。 ・奠定实验心理学基础，确立《精神物理学》。
1839年	谢夫勒（Michel Eugene Chevreul，法国化学家） ・发表《色的调和与对比定律》。
1865年	麦克斯韦尔（James Clark Maxwell，英国物理学家） ・演示证明《色光三原色（R红、G绿、B蓝紫）》 ・确立当今彩色电视机、彩色照片的原理。在麦克斯韦尔之前人们曾将光的三原色、色料的三原色混淆在一起。
1868年	海姆霍兹（Ferdinand von Helmholtz，德国生理学家、物理学家） ・《扬–海姆霍兹的三色觉说》 ・发展了扬的三色觉说，易于对红色有反应的功能导致对其他颜色的反应低下。绿、蓝也都具有这类特征，完成了该复合色觉得以成立的三色觉说。

续表

1869年	奥伦（Louis Duclos du Hauron，法国科学家） ・确立三原色彩色印刷原理。 ・选定用于彩色印刷三原色的黄、绿、红，将加法混合与减法混合组合起来，确立三原色彩色印刷原理。
1878年	赫林（Karl Ewald Konstantin Hering，德国生理学家） ・发表《相反色说》 ・红、黄、绿、蓝这心理四原色是相互对立的独立色。看着红色时不会感觉到绿色，看着黄色时不会感觉到蓝色，具有这种特性的物质可进行合成和分解。 ・红（分解）-绿（合成），黄（分解）-蓝（合成），加之感知明亮（白-黑）的受容器，就可以感觉所有的颜色（存在灰既有黑的感觉又有白的感觉这一矛盾）。 ・当前认为的是具有扬-海姆霍兹说与赫林说两种观点组合起来的结构。
1879年	路德（Ogden Nicholas Rood，美国化学物理学家） ・发表《近代色彩论》。 ・归纳此前的色彩论，色光混色这种表现方法的暗示来自以修拉为首的法国印象派画家的影响。
1905年	孟塞尔（Albert Henry Munsell，美国画家、美术教师） ・发表《色彩标注法》。
1923年	奥斯特瓦尔德（Friedrich Wilhelm Ostwald，德国化学家） ・发表《色彩学》。
1944年	蒙・斯潘塞（P.Moon & D.E. Spencer，美国夫妇色彩学家） ・发表色彩调和论。
1955年	贾德（D.B. Judd，美国色彩学家） ・把植根于色彩体系的调和的原理分为四大类型。
1961年	约翰内斯・伊丹（Johannes Itten，生于瑞士的画家，在德国包豪斯从事教育工作） ・《色彩艺术》集多年研究之大成
1964年	财团法人日本色彩研究所 ・发表《日本色研配色体系PCCS》。

❷ 盖德的色彩调和论

看三棱镜时没发现牛顿所说的那种彩虹色，便认准牛顿有失准确，而此事倒成了色彩研究的发端。

盖德认为色彩现象应作为一种存在去观察，以视觉现象的观察为重点，并于1810年发表了“色彩论”。作者进行了大量观察研究，比如，补色后像（指“眼睛所需要的色”）、明暗对比、不同距离的大小视错觉（比如，地平线上的月亮与高悬中天的月亮大小不一样）、影子的颜色（影子都带有青色）等。

关于色彩调和，由后像带来的心理补色关系即“眼睛所需要的色”就是调和的典型例子，讲述了最常用于调和的色的关系。

盖德利用以黄与蓝为色彩根基的希腊式色彩观制成色相环，在“亢进”作用之下，分别经过橙、深紫达到深红。

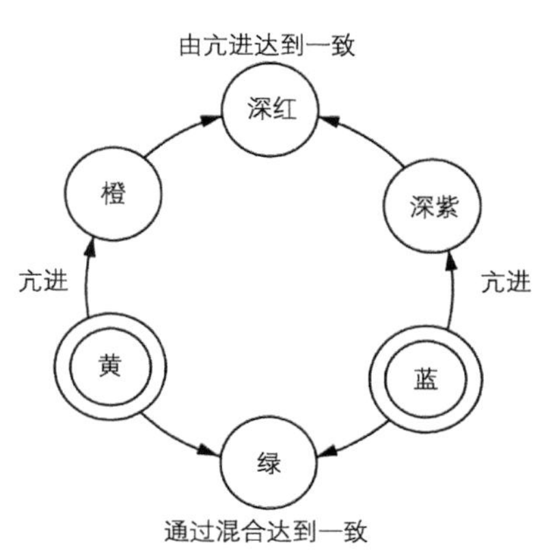

图 2.1　盖德的色相环

❸ ——————————谢夫勒色彩调和论

谢夫勒，有机化学家、哥白林织物研究所所长。经过对织物配色的观察实验，于1839年发表了“颜色的调和与对比定律”。作者通过对比分析观察颜色的变化及基于色调概念上的色彩调和展开调查，不仅联系色相，还把亮度、纯度（彩度）相互关联起来，成为利用色立体考察调和的第一人。此后，这一学说成了调和论的基础，为现代配色理论大量采用。

① 色彩调和的6种类型

把红、黄、蓝三原色作为一次色，橙、绿、红紫作为二次色，加上红橙、黄橙、黄绿、绿蓝、蓝紫、红紫一共12色相，将这些以“类似”、“对比”的概念广泛应用于调和。

- 类似的调和 (1)同一色相的色调差配色
  (2)形同或类似的色调配色
  (3)取其优势配色
- 对比的调和 (1)同一色相的对比色调配色
  (2)类似色相的对比色调配色
  (3)补色配色及补色色相的对比色调配色
- 纯色+白=淡色、纯色+黑=将阴影命名为色调。

② 其他、获得调和的要点

(1)为了完成对比调和，可将两个补色组合起来。

(2)一次色之间的配色比一次色与二次色配色更容易。

(3)一次色与二次色配色时，一次色纯度越高于二次色越容易配色。

(4)如果两色的配色不协调，在中间插入白色可增进调和程度。

(5)黑色插入高纯度的两色之间便于调和。

(6)黑色与蓝、紫这类暗色配色也易于调和。

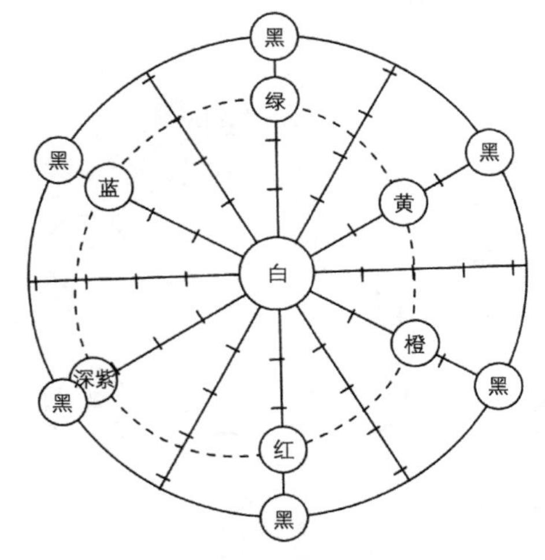

图 2.2 谢夫勒的色相环

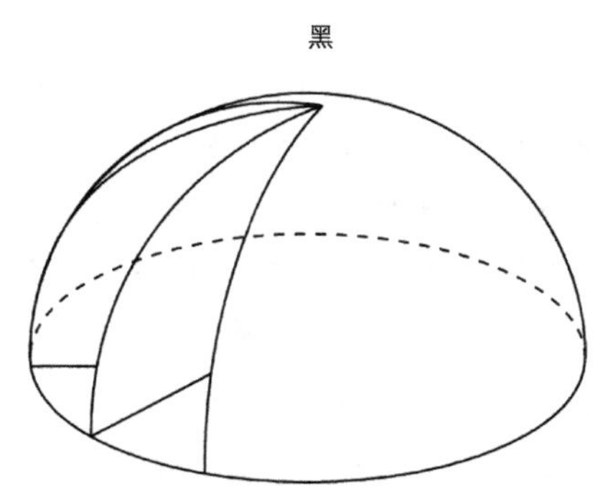

图 2.3 谢夫勒的色立体

半球形的色立体内部是一个平面的色相环（淡色、纯色、阴影），为上面的各种颜色分别加入1/10的黑色，按纯度递减的阶梯状排列，外观就形成了纯黑的色立体。

⑺黑色与高纯度色及暗浊色配色时，效果不如两种高纯度色配色。

⑻灰色可以与两种高纯度色配色，与两种低纯度色配色也可以调和。

⑼两种暗浊色间插入灰色做配色，效果不如插入黑色。

在这种情况下，如果大量插入灰色以两色距离远些为宜。

⑽灰色与高纯度色及暗浊色配色，优于用黑色、白色的配色。

⑾如两色的配色不协调，往里面插入白、黑或灰色就很容易配色。这时，需要考虑色调的明暗、纯度的高低。

❹ ————————奥斯特瓦尔德色彩调和论

作者阐述了“色的调和就是秩序（法则性）”的道理，指出“两个以上的配色之间存在一系列的秩序时，可渲染愉悦心情，这类配色关系就叫做调和色。”从1916年的《色彩入门》开始，作者每年都有多篇论文发表，1923年著的《色彩学》后来在英国翻译成英译本的《色彩科学》出版。1942年在美国编辑出版了色彩样本手册《色彩调和指南》。

根据“混色法则性之下的色空间、以等差间隔选色达到调和”这一基本思路，引出如下几种配色调和。

① 非彩色的调和

- 按等差间隔的明度色阶选择的非彩色调和。

② 色相调和

- 类似色调和（24色相中，2、3、4间隔成对的配色）。
- 异色调和（6、8间隔成对的配色）。
- 相反色调和（12间隔成对的补色配色）。

③ 等色相三角形上的调和

- 带有相同字母符号的同类色的调和。
- 等白量系列调和：图左下到右上在同一线上的同类色的调和（均具同一白色量）。
- 等黑量系列调和：图左上到右下在同一线上的同类色的调和（均具同一黑色量）。
- 等纯度系列调和：别称影子系列，形成看着自然、类似明暗灰度对比的美。

图中同一纵线上同类色调和（纯白/白的比例相同）。

- 有彩色与非彩色调和。

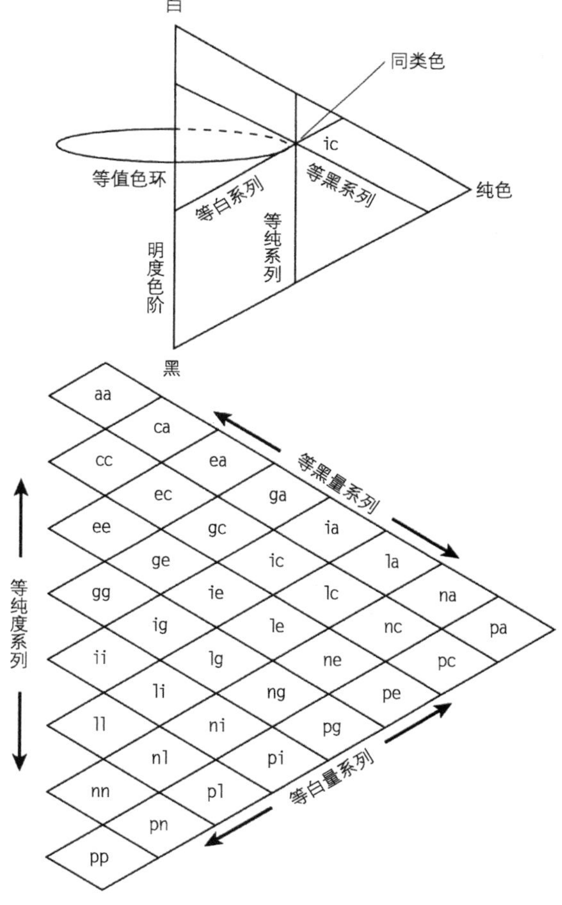

图 2.4 奥斯特瓦尔德等色相断面

带有相同字母符号的同类色的调和（参照P.20）

• 纯色与白、黑调和。

④ 等值色环上的调和

• 白色量与黑色量相同的等值色环上的色可调和。

• 纯度越降低调和状态越差。

• 位于同类色上的某色与其他等价色相的23色和等白色、等黑色、等纯度系列上的每种色都可调和。

奥斯特瓦尔德调和论的不足之处在于，未找到明度的调和，没有涉及面积比的问题以及出现更高纯度时断面（28色）到哪里都无法搭配等等。

❺ ——————穆恩&斯潘塞的色彩调和论

1944年，穆恩和斯潘塞在孟塞尔表色系的基础上发表了色彩调和论。

① 色彩调和的分类选择

• 针对色相、明度、纯度分别有“同一调和”、“类似调和”、“对比调和”这三大调和领域的分类。引入的“暧昧”这一概念不属于调和领域，发生暧昧关系部分作为“不调和领域”。

• “同一调和”为较稳重的调和。“对比调和”经过清晰而明了的配色，是补色的同类中色相、明度差、纯度差较大的配色。“类似调和”是居于同一与对比中间的一种调和，属于比对比调和更能抑制强度的配色调和。

• “暧昧”这一领域无法与同一、类似、对比搭配，是关系不明确的配色。色差太大、让人感到炫目的（眩晕）配色也会形成不调和领域。

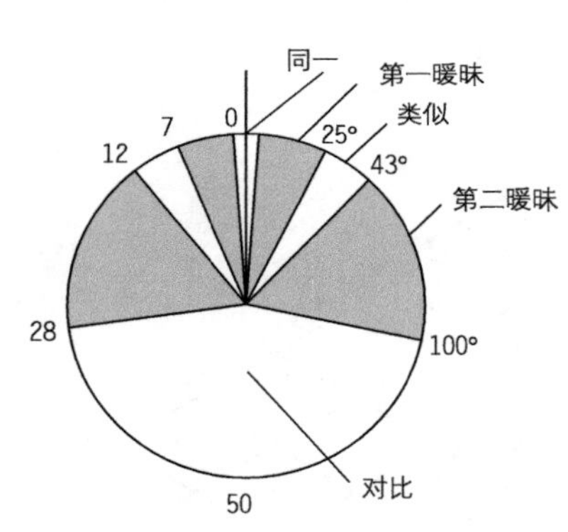

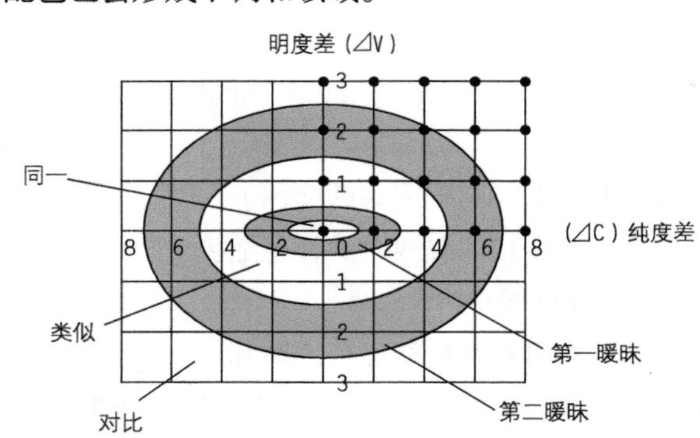

图 2.5 色相调和与不调和的范围、明度纯度调和与不调和的范围
调和以各处面积相等为前提。

② 色彩调和的面积效果

• 采用数值处理，设定一个筒形空间（ω：欧米茄空间），将色相、明度、纯度的感觉差别在色空间上做等差表现，以此为基础构筑调和论。

• 各种颜色的面积和顺应点（N5）距离的积，如果在ω空间上相等或成为简单倍数即可从配色之间得到明快的平衡。而越是离开顺应点的色，其小面积上的平衡力也越大。在这方面，与“大面积用于备用色，突出色

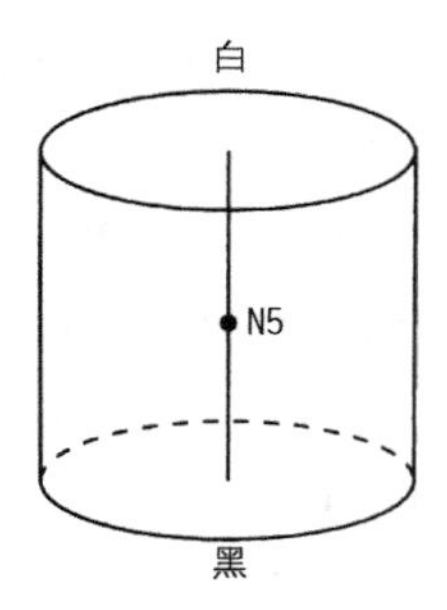

图 2.6 ω空间

以小面积表现”这一现代的配色调和基本手法是一样的。

• 按面积比例制作的配色在回转混色时产生的全体色调（平衡点）如果变为非彩色（灰色），可用平衡造成的结果来调和。或者从回转混色产生的全体色调中读取配色的心理效果用来调和。

③ 色彩调和适用的美度

• 将美国巴克霍夫倡导的计算美的程度（美度）的公式引用到配色调和中，把构成秩序和复杂度的要素数值代入公式，其计算结果若在0.5以上即可视为美。

现在已不会有谁再利用它去实践配色了，但作为将色彩调和科学地、定量地加以引导的始作俑者，巴克霍夫赢得了很高的评价。

❻ ——————贾德色彩调和论

贾德把传统的调和论按要点分成类型，于1955年整理成4个基本原理，将其归纳起来就是，统一和变化的要素处在适度平衡状态下的配色最受欢迎。

①秩序原理

从等间隔性形成的色空间有规则地选色，或利用简单的几何关系所选择的配色调和。

②亲近性原理（熟知原理、适应原理）

光和影造成的已然适应的自然明暗的协调（阴影系列），比如，色调上的明暗层次渐变、天色随时间的变化等，体验过的已充分了解的配色调和。

③通用性原理（类似原理）

具有通用要素的配色调和。

④明白性原理（明快原理）

无暧昧成分的配色调和。

关于调和的重要性，贾德指出：“色彩调和通过色彩计测等其他色彩管理对商品销路有很大影响。”

❼ ——————约翰内斯·伊丹色彩调和论

伊丹在德国包豪斯从事美术教育后，于1961年集大成出版了《色彩艺术》。与和声一样色彩也要调和，而正确区分12色相的能力是基本出发点。

伊丹的色相环从红、黄、蓝三原色开始，经对其混色成二次色，加上进一步混色所得的三次色，共12色相，依画板混色时的需要进行现实的创作。色立体为球体。

为了便于形象表现及配色上的应用，教学上已将其单纯化。着眼点并不放在明度、纯度及灰色上。伊丹指出：“所谓色彩调和就是准确选择相对色，以求发挥最强效果。”

① 2色配色（成对：dyads）

以12色相环上补色的2色组合来调和。要点是给出明暗差。

② 3色调和（三合一：triads）

色相环内接正三角形，环上的120° 色相配色(三等分)。用这一方法时，在等腰三角形上选择3色配色也可显示调和性。

③ 4色配色（四合一：tetrads）

色相环上的90° 色相配色（四等分）。在长方形上选择的配色也同样调和。

④ 6色调和（六合一：hexads）

在六合一配色上加白和黑配色。伊丹未就5色配色做说明。

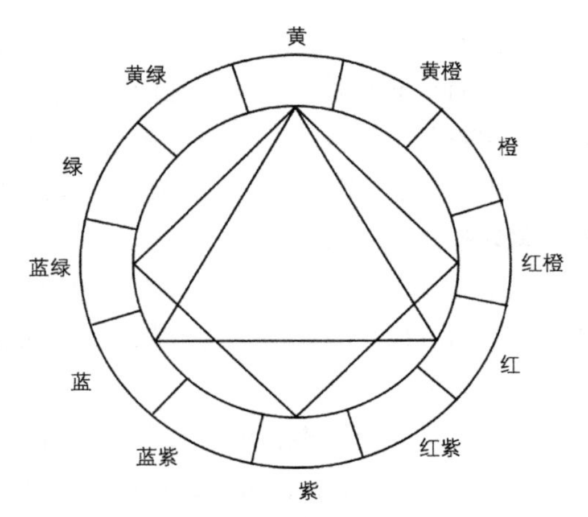

图 2.7　12色相环上的3色调和、4色调和

❽ PCCS色彩调和论

作为有关调和的要素，设定了以“鲜艳感”为共性的色调概念。其特性由色相和色调两要素构成，与色相的同一、类似、对比一样，色调也可以按同一、类似、对比来考虑配色。

① 色彩调和的形式（参照P.29图2.13）

(1)同系的调和

色相同系的配色可调和。

色调同系的配色可调和。

(2)类似的调和

色相类似关系的配色可调和。

色调类似关系的配色可调和。

(3)对照的调和

色相对比关系的配色可调和。

色调对比关系的配色可调和。

② 以色调为基础的配色

(1)通过同色调的色彩调和

用同色调内的类似色相配色，可得到明度近似的调和。

用同色调内的对照色相配色，色相变化大，但纯度相同，仍可以调和。

(2)通过类似色调调和

色调分类图上纵横相邻的色调同类色可以配色。

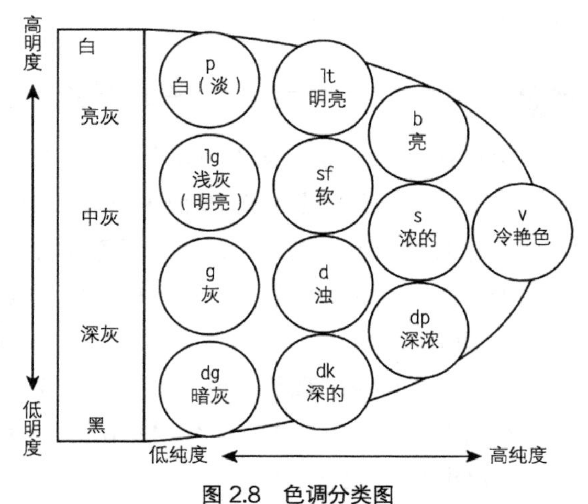

图 2.8　色调分类图

纵向的类似色调的配色，其纯度一样，是稍有些明度差的配色。

横向的类似色调的配色，其纯度稍有差异。

色调分类图上，纵横斜向相邻的色调也有纯度、明度的关联性，易于调和。

⑶通过对比色调的调和

色调分类图上，纵横斜向相邻较远的同类色调之间的色的配色。

强调明度差的配色及强调纯度差的配色是明度和纯度都要对比的配色。都是强调对比效果的配色。

❾ 实践配色调和的思路

上面记述了各种各样的配色调和论，只要理解了色相、明度、纯度、色立体及色调这些基本概念，实际工作当中的选色、配色操作就不难。本着PCCS的配色调和论，再吸取一些其他调和论中较实用的部分，建筑内外装修的配色实践就可以归纳为如下几大要点。

1 美的条件

首先来看一看我们觉得美的事物都具备哪些共同的要素。

在欧洲，自古希腊以来有种观点认为美是“多样性的统一”（Unity of Variety）。换言之，也可以说感受美需要在“统一与变化之间适度平衡”。显然，色是形状、大小、质感等各种造型要素共同的必备条件。

比如，考虑形状时就有如下内容：

图1……整然有序，给人强烈的统一感，但缺乏图形上的魅力。

图2…… 仅仅有变化，杂乱感很强，不构成美。

图3……局部有大与小的变化，整体看又有统一感，可以感受到图形魅力。

像这样显现美的时候，只有统一不行，只有变化也不行，统一与变化两大要素应同时满足。统一与变化处在平衡状态上，其结果让人看到的是有秩序的东西，我们就可以从中感受到美。

但是，要把这些条件搭配到色彩上去。

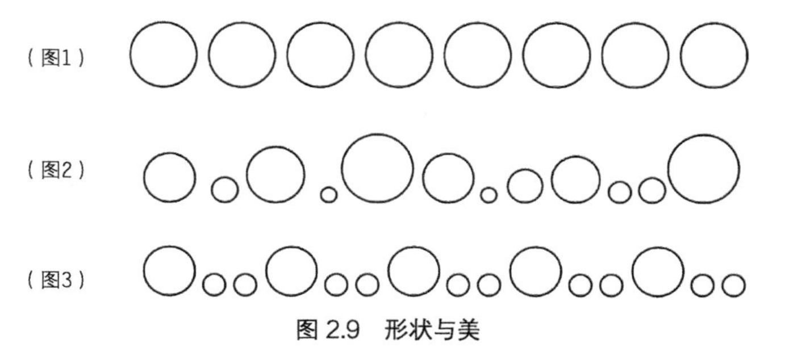

图 2.9　形状与美

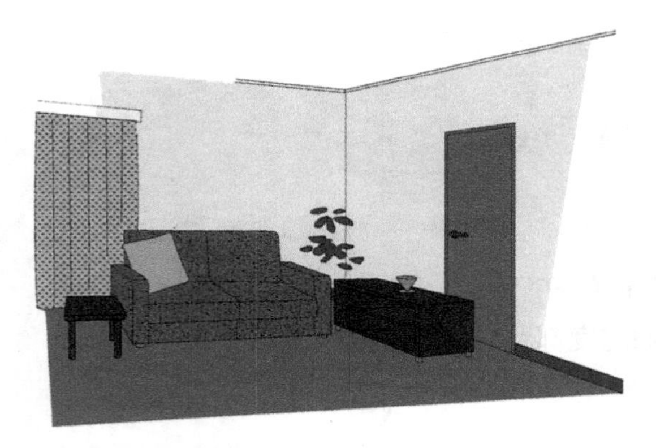

类似色相的类似色调配色
　高纯度靠垫突出小件物品。

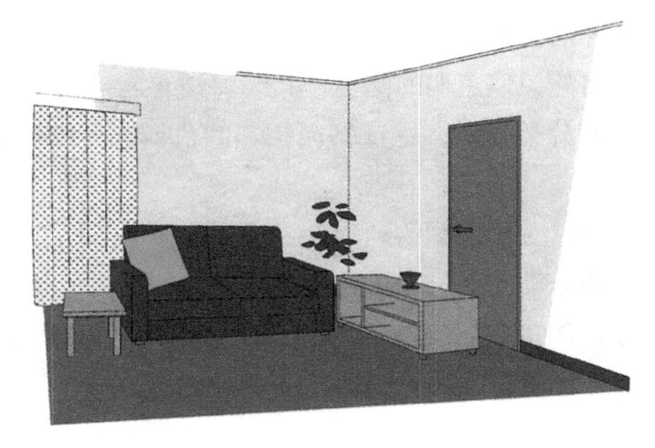

类似色相的类似色调配色
　高纯度靠垫突出小件物品。

类似色相的类似色调配色
　用暖色、明度差较小的配色，形成软形象。突出靠垫等小件物品。

较大差异色相的配色
　突出沙发，高纯度色富有朝气，随意形象很强。

较大差异色相的配色
　多色相时，以白色或几近白的颜色（灰白色）构成整体。

类似色调的配色
　灰色色调有较强沉静感。

图 2.10　室内装修的配色举例[彩页P.10]

（为了便于配色解说，门在家具的内容之后描述。本书刊载的套色图版皆使用（株）ESTEEI色彩教学及建筑景观用彩色模拟软件“Color Planner”制作而成。）

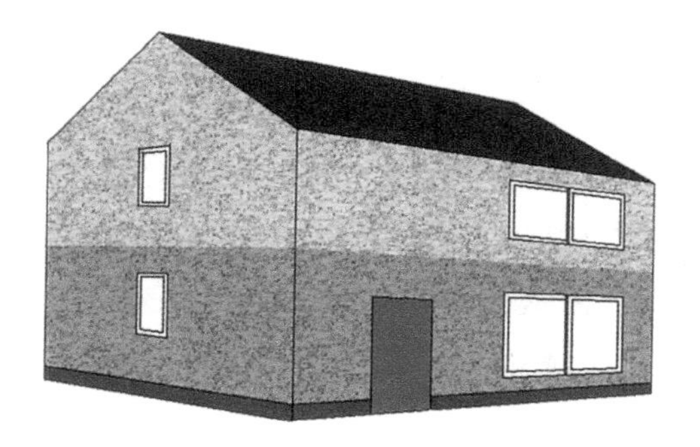

同一色相的类似色调配色

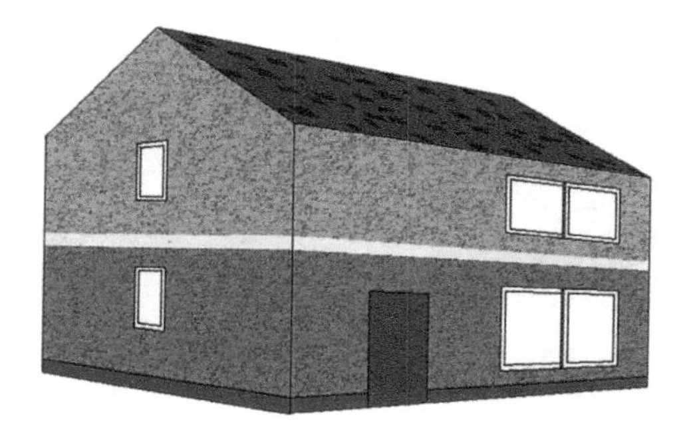

同一色相的类似色调配色

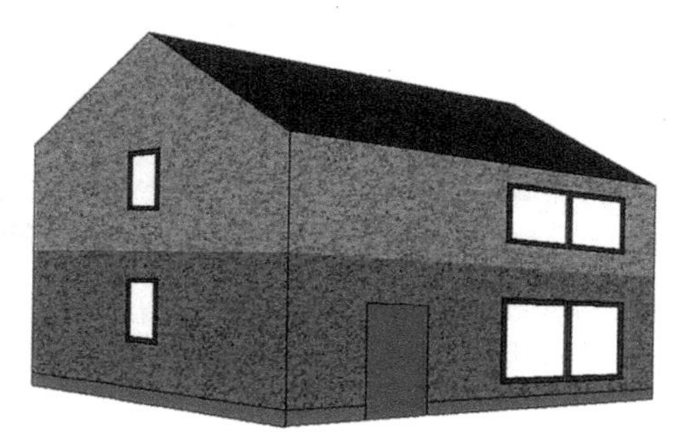

类似色相的类似色调

类似色相的类似色调配色

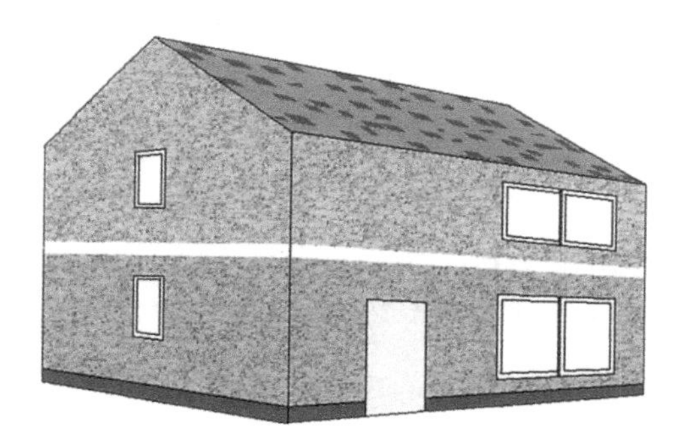

同一色调的类似色相

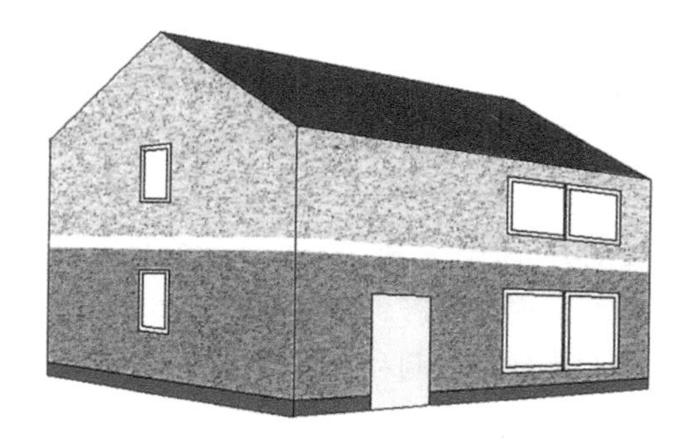

对比色相色加大纯度差，用白色强调分割开的效果

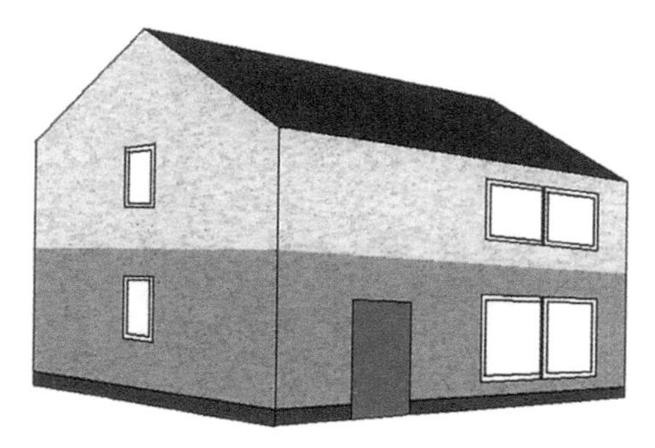

难以适应的色可与乳系色配色，以减轻不适感

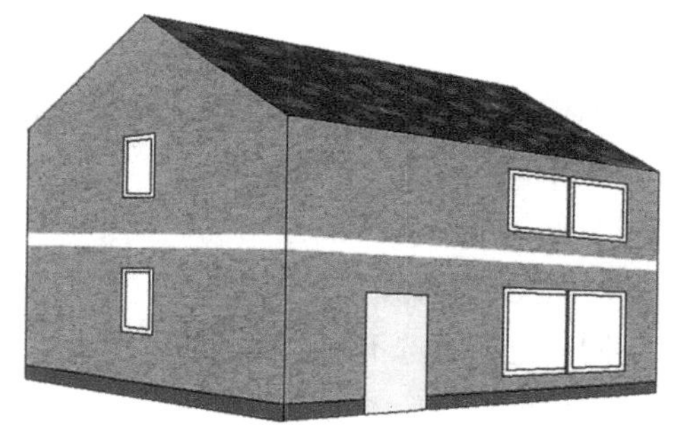

清一色高纯度色时，白色可给人果断感，通过面积分割可易于适应。

图 2.11　外观配色举例[[彩页P.11]

类似调和
类似色相的类似色调

类似调和
类似色相的色调不同

类似调和
同一色相的色调不同

类似调和
同一色调的色相不同

对比调和
通过色相作对比

对比调和
通过色调作对比

对比调和
通过色相和色调作对比

对比调和
通过有彩色和非彩色作对比

图 2.12 类似调和与对比调和 [彩页P.12]

2 配色调和的两种分类

所有的配色单纯地分为“类似调和”、“对比调和”两大类就便于理解了。PCCS的“同系调和”已包含在类似调和中。

① 类似调和（harmony of analogy）

也称作“平稳调和”，在统一与变化之间偏重于“统一”的配色方法。

建筑的内外装修，基本按类似调和的思路来配色。

作为表现类似调和状态的术语，可以举出以下形象语言：

> 平稳、沉着、稳重、自然的、朴素的、有品位的、优雅的、时髦、昏暗、质朴、厚重等。

配色手法可按下面思路选色：

与色相、明度、纯度、色调（色调=明度+纯度）中的任一要素相同或相近，都可以表现出一致的形象。

同一色相统一、类似色相统一或相似明度的同类色配色，都是因为相似纯度的同类色在配色。

(1)同一色相中选不同色调的色。

(2)类似色相中选不同色调的色。

(3)同一色调中选不同色相的色。

即使明显不同的色相，从低纯度领域的同样色调中选择配色，同样可进行得比较平稳。

素材、质感齐备，可更加强调统一。

令色相、色调阶段性变化的浓淡分层次配色是类似调和的一种手法。

② 对比调和（harmony of contrast）

也称作“明显调和”，在统一与变化之间偏重于“变化”的配色方法。

作为表现明显调和状态的术语，还可以举出以下形象语言：

出色、华丽、愉快、朝气、典雅、大胆、刺激的、活跃的、动感的、轻便的、装饰的等。

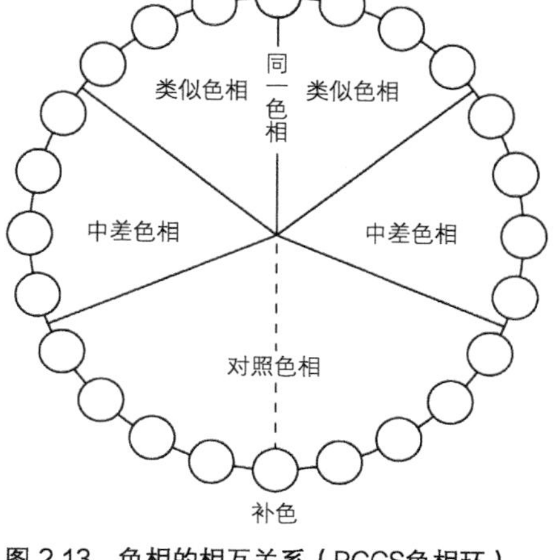

图 2.13　色相的相互关系（PCCS色相环）

记住V2（红）与V14（蓝绿）、V8（黄）与V20（蓝紫）这些补色关系上的4色就可以用色相环上的各种颜色来完成形象了。

配色手法可按下面思路选色：

与色相、明度、色纯度、色调中的任一要素明显背离的色的组合。所谓“要素明显背离”指用色相环、色调一览表等图表现时，远离的同类色相、同类色调。

对比过大，形成果断的强烈印象图形，但一味强调变化容易造成不协调，所以，为了维持秩序感对此必须留意。

(1)从中差色相、对比色相（色相环上相隔较远的色相）中选色。

这时，可维持色调、质感的统一感（秩序）。

(2)从明度或纯度相差大的颜色中选色。

这时，色相、素材齐备，调整面积比例。

(3)从色相、色调（明度、纯度）差异都比较大的颜色中选色。

在这种情况下，调整面积比例，形成良好平衡的调和。

建筑行业被称作需突出配色、单点配色的手法很多都属于这种场合。

突出不仅限于高纯度。全体做成暗色，其中点缀纯白色，通过明度差白色就明显突出出来了。相反，明亮色中加入黑色，黑色就变得突出了。

3　选色思路

配色调和的思路从化妆、服饰、图表、产品、室内装修及建筑外观到都市色彩景观规划，各种领域通用。选色从“类似调和”、“对比调和”来考虑就可以。

比如，设计对象中的室内装修希望“沉稳的形象”，首先对类似调和的整理基本上要做到心中有数。其次，类似调和整理要先选出色相、明度、纯度、色调中哪些是要素相同或相似的色，这样就自然而然地形成沉稳的室内装修形象。或者希望“有朝气的形象”的时候，基本上用对比调和，选出色相、明度、纯度、色调中那些要素差距大的色，这样就可以了。

不是仅凭感觉意识，而是依此道理顺序思考下去，就可以满怀信心去选色。对颜色缺乏自信的人，往往只盯着色相。而意识到明度差、纯度差及色调再去配色，就很容易营造出有魅力的效果。至于具体的配色诀窍将在后面章节讲述。

第3章　美的造型方法

表现美的诀窍不仅靠色彩，还要与整体构成配合起来选好色彩。这里介绍一下平日里简单地提高审美能力的诀窍。

❶ 欧洲的美的形式

所谓美是一种统一和变化取得平衡的状态。完成造型美时常用的有如下一些术语：

① 图与底

形状和颜色形成的图形所展现的部分称作“图”，与其对应成为背景的部分称作“底”，针对宣传画、标志物的图案、文字和背景的关系时使用。图的色叫“图色”，底的色叫“底色”。

② 平衡（balance：匀称、均衡）

视觉、感觉的匀称可称作大-小、轻-重、明-暗、浓-淡及质感等匀称。配色在补色关系上发生晕影会导致严重失衡。这时，用面积调整、分割效果等找回平衡。

在形状上取得平衡的方法有轴对称、中心对称、非对称等。

⑴对称（symmetry：对称、适称、匀齐）

形状和位置等以直线为轴均等对应的左右对称可强调稳定、整然、安静、单调、厚重及艰难等形象。蜻蜓、蝴蝶的翅膀；眼镜、文艺复兴时代的室内装饰等都采用对称。还有以点为中心的中心对称（点对称），它会造成动感变化较大的形象。

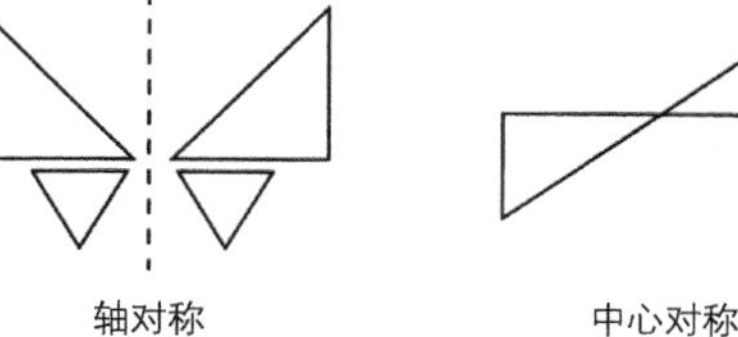

图 3.1　对称

⑵非对称（asymmetry：非对称）

感觉自由、轻快、动感、流动等。洛可可时代的室内装修、日本的传统建筑、日本庭园、和服的样式等都是典型的非对称平衡。

③ 均衡（proportion：比例、比率、比较）

局部与局部或整体与局部的长度、面积比例、比例关系等处理得好，很快就会给人美感。另外，如果由一定比例的构成也会给人以规则性的美感。

⑴黄金分割

将线段一分为二，短a：长b=1：1.618a时，1.618…就叫做黄金分割ϕ。自古希腊以来作为最高的美学比例受到广泛推崇。长与宽的长度比例符合这种黄金分割的长方形就叫做黄金分割长方形。

⑵平方根长方形

长方形的比例可利用的有：$1:\sqrt{2}$、$1:\sqrt{3}$、$1:\sqrt{5}$及黄金分割。其

中的1：$\sqrt{2}$在日常生活中的纸张规格上已为JIS标准所采用。

A1	594×841mm	B1	728×1030mm
A2	420×594mm	B2	515×728mm
A3	297×420mm	B3	364×515mm
A4	210×297mm	B4	257×364mm
A5	148×210mm	B5	182×257mm
A6	105×148mm	B6	128×182mm

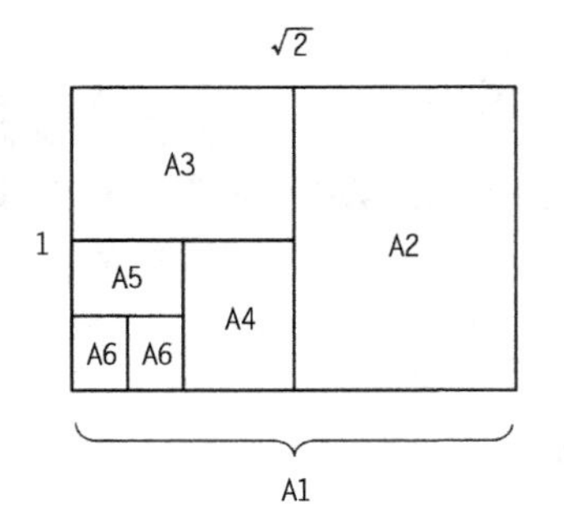

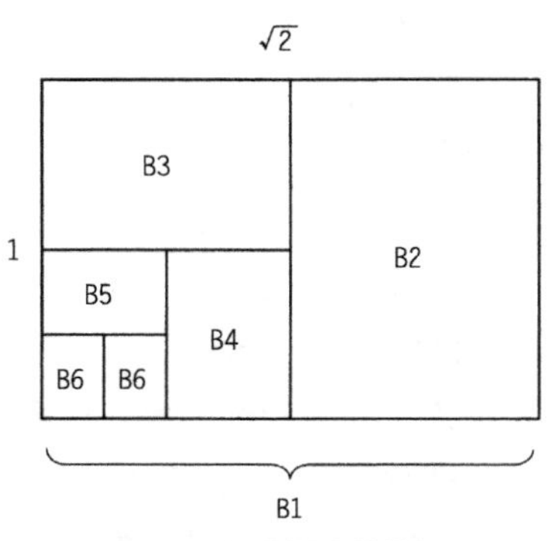

图 3.2 标准纸张的裁纸

A开B开都是纵：横=1：$\sqrt{2}$，面积比A：B=1：1.5。印刷用纸的尺寸比标准尺寸稍大一圈。

两张A1（A0）=1m²

两张B1（B0）=1.5m²

⑶按简单的整数比分割

像1：2：3……、1：4、2：3这样带有整数比例的图形都是安静、明快的划分。有关土木建筑方面也一样，长宽比、面积比按简单的整数比做颜色划分也会意外地获得富于美的效果的高端设计。

⑷按级数比划分

从数列关系（按一定规律排列的数）中求得比例的美。

等差数列　1：3：5：7……

等比数列　1：2：4：8……

相加数列（非博纳奇数列：fibonaccis sequence）1：2：3：5：8：13……

这里用前两项之和作为后一项，按这一规律缩减成5：8=1：1.6、34：55≈1：1.618这种黄金分割比例。

④ 节奏（rhythm：律动）

其构成要素为带有一定间隔的规律性，并周期地表现，可感觉到动感的状态。可产生动态活力，增强美的效果。

⑴重复（repetition：反复）

图形、颜色等同一要素的反复。给人秩序感的同时还有连续感、运动感。

⑵循环（alternation）

两个以上要素的交替反复。

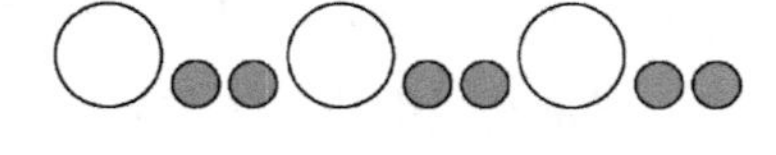

图 3.3 循环法

⑶层次（gradation：协调、渐强）

一种图形、颜色一点点阶段性变化的构成法。让人感觉有秩序的移行性，同时，带有很强的流动、行进感，动态感。在日本有一种随佛教传来的叫做月华纹的浓淡层次彩色手法。

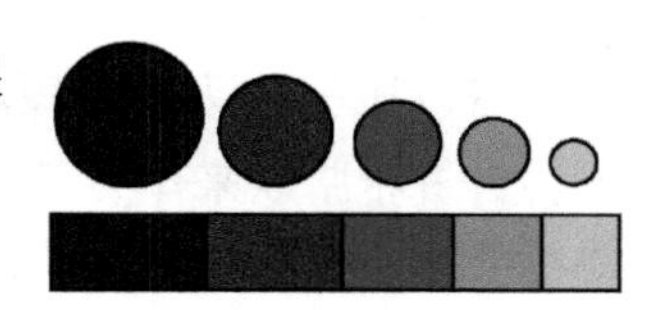

图 3.4 浓淡法

⑤ 强调（emphasis）

从整体中强调某一部分，造成较强变化的构成法。重点色就是其代表，具有给人紧张感，引人注意等效果。

⑥ **协调（unity）**

即整体的统一。就颜色而言就是保持各色的相互关系和整体秩序。

⑦ **调和（harmony: 调和）**

整体调和、平衡，不破坏氛围地进行配色等构成法。

⑧ **对比（contrast：对比、对照）**

色、形、质等极端不同的元素搭配，强调变化、对比的构成法。过于追求变化造成极端倾向往往导致不协调。

⑨ **分隔（separation：分割、分离）**

相邻两色差异过大或差异太小时，如果在两者接合部插入非彩色（白黑灰）线将颜色分隔，魅力就不会相互抵消，而是互相映衬。乳色、淡褐色及米色等低纯度色、金属色等光泽色都具有和非彩色同样的效果。

⑩ **突出（accent：强调）**

处于单调或大空间时，搭配明显不同的色、形、质元素，可以引来目光。在画面上打造重点，具有整体的聚敛效果。

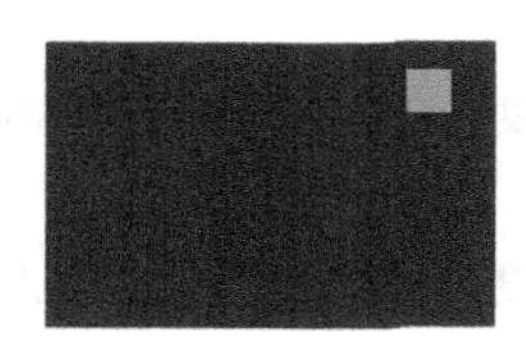

图 3.5　分隔［彩页P.13］

图 3.6　突出［彩页P.13］

图 3.7　深褐色产生的分隔效果［彩页P.13］

❷ 配色设计术语

这些术语时装界经常使用，建筑界在表达选色时常用的词汇有：基础色、辅助色、突出色。

① **基础色（base color：基调色）**

配色中所占面积最大的颜色，作为基调来支配形象。在建筑上多见于更掌控整体颜色（低纯度色）的场合。

② **辅助色（assort color：从属色、配合色、辅助色）**

仅次于基础色的面积比较大的色，兼顾基础色，又赋予变化、特征的颜色。建筑上也称作副基础色。

③ **突出色（accent color：强调色）**

以小面积聚敛整体，使其突出，强调整体的格调。具有让视点集中的效果，装饰效果较强。

④ **支配色（dominant color：主调色）**

出现频度最高的颜色，或占据大面积的颜色。比如，让整体泛红色、泛蓝色，给人统一的颜色印象。dominant带有“支配”的意思。

⑤ 色调之上有色调（tone on tone：）配色

同系色相的浓淡配色。同一色相或邻近色相在保持统一感的同时，还可以形成改变色调，富于变化的配色。

⑥ 色调里面有色调（tone in tone：）配色

在同一色调或类似色调上保持统一感的同时，还可以形成改变色相，产生变化的配色。

⑦ 支配色调（dominant tone：）配色

使用多色，同色调或类似色调的配色，属于“色调里面有色调”配色方式中的一种。

⑧ 色调（tonal：）配色

“色调里面有色调”以及支配色调的一种。尤其以暗淡色调（中明度、中纯度）的颜色为中心在同系色调调理的配色。

⑨ 三合一（triads：）配色

用位于色相环三等分（120度）位置上的色做3色配色。

⑩ 四合一（tetrads：）配色

用位于色相环四等分（90度）位置上的色做4色配色。

⑪ 五合一（pentads：）配色

用位于色相环五等分（72度）位置上的色做5色配色。在应用上，用三合一配色加上白和黑，或者用四合一配色加上白或黑也都包含在五合一配色当中。

⑫ 六合一（hexads：）配色

用位于色相环六等分（60度）位置上的色做6色配色。在四合一配色上加上白和黑也包含在内。

⑬ 分隔互补配色

互补（complementary：补色）的相邻色相的配色。对某一颜色而言并非它的补色，而是用补色两旁的色做配色。与其说补色关系不如说方便于调和。由于有补色关系分隔（split）的含义，也属于对比色相配色的一种。

⑭ 单色（camaieu：）配色

色相、明度、纯度都有微妙的细微差别的一种配色。它属于“色调里面溶色调”配色的一种，是隐约暧昧的配色，单色画是18世纪以欧洲为中心使用单一色的绘画技法，像浮雕贝壳一样，乍一看是单色的微妙配色。

⑮ 伪装（faux camaieu：）配色

Faux是“伪装”的意思，单色配色时色相、色调稍带些差别的配色。单色、伪装配色实际上可看做同一类型。

⑯ 双色（bicolore：）配色

即2色配色，与英语bicolore意思相同。指织物的配色方式中，在底色上印单色图案等情况下使用。

⑰ 三色旗（tricolore：）配色

三色配色。通常指法国国旗（红白蓝）、意大利国旗（红白绿）。具有明快的配色效果。

❸ 提高色彩鉴赏力的方法

从事建筑方面的工作时应多掌握信息才好，可是，如果不能充分应用就失去了意义。实际上，我们的生活为各种色彩所环绕，所以日常生活中只要树立有色彩意识就开始提高审美能力了。懂得配色的原理后再加强审美能力的培养，就可以做出更有魅力的配色或相关作品了。

① 自制剪贴册

从建筑杂志、时装杂志上以及其他吸引你目光停留的图片都可以剪切下来，积攒到一定程度后，按自己使用的方便分类制成剪贴册。继续做下去就会形成一个别人没有、自己独出心裁的启迪的宝库。

② 拍照片

走到哪里都随身带着小照相机，把吸引目光的地方拍下来。数码相机的普及让我们很简单地就可以收集到大量信息。街道、广告牌、公共设施、建筑物门面、外部结构、绿化、酒店前厅、餐馆等，可供参考的设计图案数不胜数。但是，需要注意商场、服装店等有些地方未经许可不准拍照。

③ 多看美好东西

积极参观博物馆、美术馆、博览会等。观察作品时，想想自己感兴趣抑或不喜欢的理由是什么，养成边看边客观分析的习惯，这样有助于明确自己的价值观。对于面前的作品，其观念及表现方法是否可取要分解来看，这也是一种评价方法。

④ 亲近自然

自然造型其本身就是艺术。人类也是自然界的一部分，所以，脱离自然规律的地方不会有美的造型。自然界的配色不会给人不适感，而是让人心境怡和。观察花草树木、自然景观的配色构成会给我们的配色带来启发。而专业人士也会摆脱体质、情感的左右，时不时地产生超水平发挥的作品。包括室内绿色在内的植物，都具有镇定精神，放松紧张情绪的作用。

⑤ 自己尝试颜色再现

看着喜欢的颜色、配色，用画笔、油彩混色尝试一下调制这个颜色。当然要付出一些时间，但是却可以从中切身感受到颜色的趣味和配色的奥妙。确定涂料等颜色时，如果色卡上没有所希望的颜色，就要自己用油彩或广告画颜料在画纸上涂出希望的颜色，再搭配涂料进行调色。习惯于混色之后，在需要的时候就可以发挥作用了。

第4章　颜色与心理

做设计时，不仅需要配色调和，还要充分考虑颜色带给人的心理、生理影响，选出符合目的的颜色。如同考虑紫外线、红外线对人体的影响一样，处于紫外线、红外线之间的波段上的可视光线，在引起观察者情感反应的同时，还会对其产生生理影响。

❶ ————————颜色的生理、心理效果

① 暖色、冷色（冷热感）

主要来自色相的影响。红～黄红～黄是给人暖意的暖色，蓝系色让人觉得冷，所以称作冷色。有这样一个实验，把同样温度的红色、蓝色两种水分别注入烧杯，然后将手指插入，可是不管指尖怎样感觉，都会觉得红色水的温度要高出蓝色水3度。同样，实验分别以红色、蓝色为主色调做两种室内装修，体感温度也会相差3度，原因就在于视觉信息给触觉造成的影响。

从具体实例来看，夏天浴室设计往往选冷色，可是到冬天就会给人增添寒意。头脑中应树立一种观念，即高纯度、大面积的配色可以增进冷暖感受。不仅浴室，居室、办公室及公共空间的空调经费也同样受此影响。

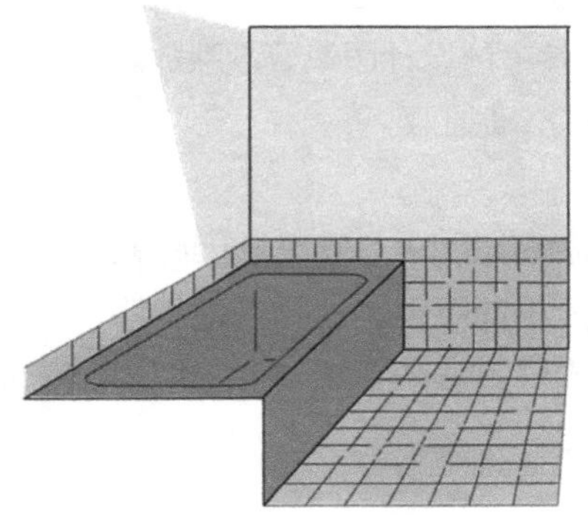

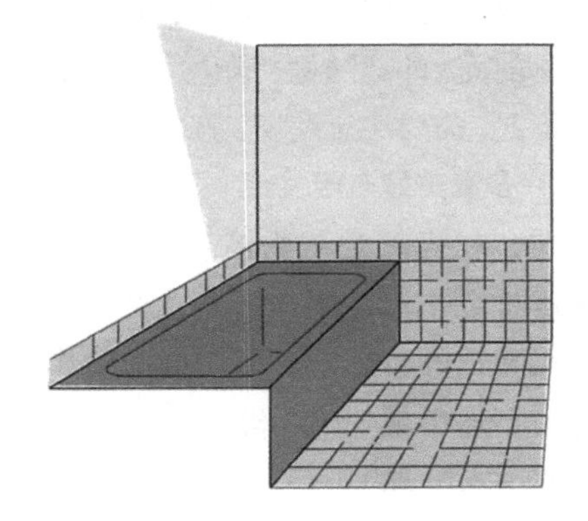

图 4.1　温度感 [彩页P.14]
极端的暖色或冷色会使体感温度发生3℃的变化。

白、灰、黑这类非彩色，依其联想物及配色效果也会造成不同的冷暖感觉。可联想到冰雪形象的白色让人觉得冷，而联想到白色棉花又会感觉温暖，另外，白色搭配到蓝色上就白得发冷；搭配到红色上又感到白得很暖和。

② 兴奋色、镇静色

暖色系中的高纯度色可刺激交感神经，令血压升高，其结果导致情绪紧张，富于攻击性。

蓝绿色、蓝色等冷色系以及中～低纯度色，刺激副交感神经可降低血压，令心绪沉稳进入恬静状态。

淡粉色、米色等低纯度的软色调具有松弛作用。

③ 华丽、朴素

鲜艳的红色、黄色给人华丽感，灰色让人觉着朴素（低纯度色），其中与纯度有很大关系。

配色时，明亮色与暗色；纯色与非彩色；补色之间等，相互颜色的三属性的反差大则显华丽，相反，在接近的明度、同属低纯度的颜色中配色，其反差小就显得朴素。

④ 强色、弱色

主要在于纯度关系。高纯度色显强，低纯度色显弱。而低明度色力感强，高明度色则造成柔弱的形象。

配色时，三属性的反差大显强，反差小则显弱。

⑤ 轻色、重色

重量感与明度有关，与色相纯度无关。低明度色重，高明度色显轻，古典音乐会乐坛上摆放黑色钢琴，而流行音乐会用白色钢琴才般配，就是出于这种心理。

现代住宅的地板基本上设计成暗色，相比之下会把四壁和顶棚凸显得更明亮，而这正像暗色的土地在下方，空间明亮向上这种自然环境一样，自然而然地获取平衡，给人以安适感。快餐店等供人短时间停留的非家居空间，之所以采用暗色顶棚，多出于避开公众对平静感的需求，而每天都要操持生活的一般现代住宅，如果采用暗色顶棚就会让人感觉不适。

⑥ 柔和色、生硬色

主要与明度有关。高明度色显柔和，低明度色显生硬；而暖色、低纯度色显柔和，冷色、高纯度色显生硬。浅米色、淡粉色的娃娃服让人感觉轻柔，宛如稚嫩的婴儿肌肤更显亲近。

非彩色，依联想的内容而不尽相同。白色与雪、棉联想则柔软，用到瓷器形象上则变成了硬色；由黑色让人想到煤炭和钢铁，感觉为坚硬；而天鹅绒、手袋等仍给人以柔软的感觉。

⑦ 前进色、后退色

处在同样距离上，高明度色觉得更接近，低明度色觉得远一些。同时，暖色、高纯度色显近，冷色、低纯度色看上去显远。

亮丽的配色、强配色

朴素的配色、弱配色

轻配色、柔和的配色

重配色、生硬的配色

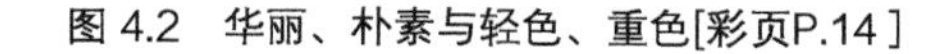

图 4.2　华丽、朴素与轻色、重色[彩页P.14]

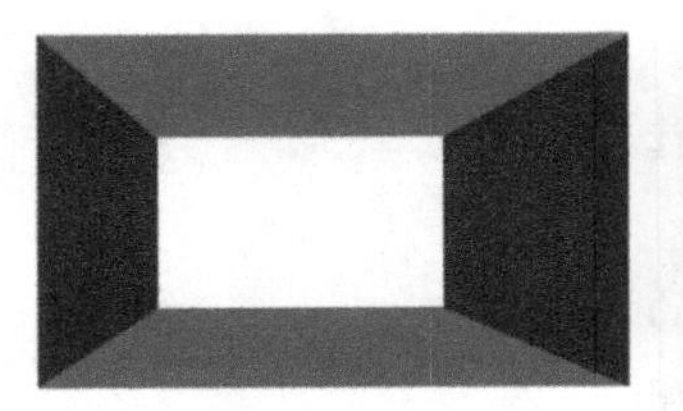
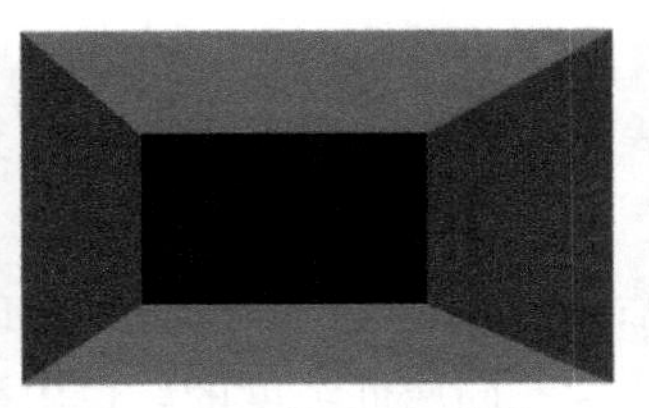

图 4.3　长方形“白”<进入、膨胀>、“黑”则<退出、收缩>[彩页P.14]

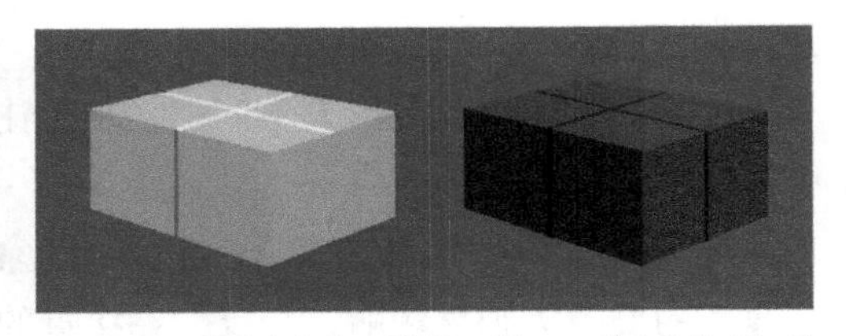

图 4.4　“明亮色”<膨胀、轻>、“暗色”则<收缩、重> [彩页P.14]

谁都有面对进与退的时候，若将四周围起来情况就不一样了。比如，狭窄房间的四壁用蓝色等低明度的冷色涂装，即便没感觉房间扩大，也总比暗色带给人的压抑感要好些。

⑧ 膨胀色、收缩色

进入、退出是空间感觉，而膨胀、收缩是对物体的感觉，同样很大程度上受明度的影响，与色相也有关系。高明度的暖色看上去显大，低明度冷色则显得变小了。

同样形状的肥皂，黄色的看上去比其他颜色显大。装在盒子里或有包装的东西也一样，明度高、暖色系的看上去显大。白色松边短袜很流行，可白色明度高，是膨胀色中的顶级，将其宽松地套在脚上，短袜更显膨胀，其结果就是上面露出的双腿显得比短袜更高，从心理上让人觉得身材苗条。

⑨ 时间意识

高纯度、暖色对视觉刺激较强，因为连带着疲劳感，所以易于产生时间意识。快餐店等主张短时间停留的场所多使用高纯度色涂装，相反，教室采用乳白色低纯度色涂装则是为了淡薄时间意识，以便集中精力学习。

⑩ 色与味觉的共同感觉

颜色对味觉也有影响。自然界的果实颜色为暖色系这一点告诉我们，红系、黄红系、黄系是增进食欲的颜色。餐馆等饮食店多选乳白色、原色、褐色等黄红～黄色系为中心做内装修，这些都属于增进食欲的色相。原本自然界不多的紫系色，会让人产生戒备心理，不是增进食欲的色相。

至于具体的颜色与味觉的关系，比如红色具有“辣”和“甜”的双重印象。辣椒是辣的，而红盒装的巧克力让人觉得甜。粉色系、原色系等发红的某些软色感觉甜。黄色有柠檬印象，感觉酸。绿系色带有未成熟的柑橘印象，也会感觉酸。可以说，从黄色到绿色之间的色相都容易让人感觉酸。感觉“苦”的颜色有，茶系、绿系、蓝系等昏暗颜色，感觉“咸”的颜色为蓝系。另外，很多人还会从咸鲑鱼、食盐的联想色感觉到咸。这些都是来自经验的、对视觉与味觉本能上的共同感觉。

美味的色

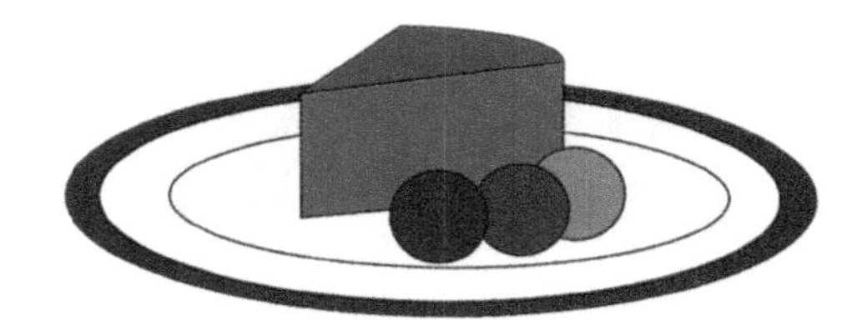

难吃的色

甜

辣（辣椒、芥末）

苦

酸（柠檬、柑橘类）

咸（海水、鲑鱼、盐）

图 4.5　色与味觉 [彩页P.15]

⑪ 色与嗅觉的共同感觉

颜色与气味也可以连动。一闻到咖啡的香味脑海中就会浮现出咖啡色。黄绿色带有清爽的香味，那是桂树的香味及其花的颜色。这些也都是靠经验积累起来的。

❷ ——————色彩的联想与象征

看到红色可给人血与火的印象，看到蓝色给人天空与水的印象，这是精神作用。其中，除年龄、性别、环境、国民性之外，依个人经历、记忆、思想、所关心的事等不同，所以，成因上各人差异很大。婴儿、孩子可举出动物、植物等很多具体联想物，大人就不仅限于物，他们还有很多抽象联想。女性则偏向于对食物的抽象联想。

① 色相产生的形象

参照P.41 表4.1。

图 4.6　传统颜色 [彩页P.16]

色相产生的形象 表4.1

色相	联想	内容
红	抽象联想	热情、活力、兴奋、危险、紧张、愤怒、嫉妒、爱、燃烧、革命、强烈、禁止。
	具体联想	太阳、炎症、血、苹果、草莓、玫瑰、不倒翁、灭火器、消防车、辣椒。
橙	抽象联想	活泼、幸福、快活、高兴、明朗、开放的、温暖的、欢闹、家庭、团聚。
	具体联想	柑橘、柿子、胡萝卜、橙汁、火烧云、太阳、炎症。
黄	抽象联想	快乐、快活、明朗、健康、希望、甜美、焦急、可爱、热闹、骚乱、注意。
	具体联想	柠檬、香蕉、蛋黄、向日葵、菜花、银杏、咖喱、信号、蜜蜂。
绿	抽象联想	生机、怡和、新鲜、鲜明、生命力、健康、自然、和平、安全、安息。
	具体联想	树木、山峰、森林、叶子、草坪、高原、信号、蔬菜、黄瓜、青椒、安全门。
蓝	抽象联想	冷、诚实、沉稳、清洁、清凉、爽快、透明、理智的、忠实、孤独、平静、深远。
	具体联想	天空、海、湖、水、水中、宇宙、土耳其玉、游泳池、夏天、玻璃。
紫	抽象联想	优雅、神秘、高贵、高级、崇高、上品、典雅、成熟、不安、病态、传统的。
	具体联想	紫罗兰、绣球花、紫藤、葡萄、薰衣草、僧衣。
白	抽象联想	清洁、纯粹、洁白、公明、明亮、新、冷、有条理的、永远、空虚。
	具体联想	雪、百合、婚纱、一身白服装、豆腐、衬衫、白衣、医院、云、牙齿。
灰	抽象联想	都市的、柔软、沉着、暧昧、忧郁、孤独、不安。
	具体联想	老鼠、灰尘、云。
黑	抽象联想	沉着、有条理的、严肃、沉重、庄严、恐怖、强硬、失望、罪过、不安、死亡、凶恶。
	具体联想	礼服、夜、黑发、煤炭、煤烟子、暗夜、乌鸦、轮胎、学生服。

色调产生的形象 表4.2

色调		形象	惯用色名举例
淡色调	灰白色调（P） 明亮色调（lt）	明亮、清洁、清爽、幸福、甜美、可爱、轻松、快乐；	樱花色、粉红、皮肤色、乳白色、象牙色、水色、藤色、淡紫色；
浅灰色调	亮灰色调（ltg） 灰色调（g）	朴素、柔弱、成熟、优雅、干练、优质、沉着、迟钝、上品；	桃色、淡红灰色、茶鼠色、原色、砂色、蓝鼠色；
安稳色调	柔和色调（sf） 暗淡色调（d）	安稳、沉着、柔和、暗淡；	猩猩红、小豆色、深褐色、咖啡色、软木色、金黄色、芥末色、茶末色、琉璃色、青灰色、薰衣草色、黑紫色；
深色调	暗色调（dk） 暗灰色调（dkg）	深邃、厚重、饱满的暗、男性的、严肃的、朴素的、传统的；	褐红色、绛紫色、泛黄的红色、铁锈色、土黄色、焦茶色、温红棕色、褐色、巧克力色、橄榄色、松针色、蓝色、茄皮色；
鲜艳色调	冷艳色调（v） 光亮色调（b） 强健色调（s） 深色调（dp）	强烈、鲜艳、华丽、花哨、快活、生机、深厚、鲜活、积极、自由、浓厚。	红葡萄酒色、红色、老红色、胭脂色、橙色、姜黄色、铬黄、柠檬色、嫩草色、葱绿色、翡翠绿、翠蓝色、钴蓝、翠绿色、蓝绿色、浅蓝色、群青色、桔梗色、紫红色、洋红色、牡丹色。

② 色调产生的形象

每种色调都有一个共同的形象。P.41表4.2中，PCCS的12种色调汇聚成5种，就便于理解了。

③ 色彩象征

色彩表示特定的内容，在社会应用当中已形成习惯、制度。比如，国旗、徽章、标识等就是色彩象征。不仅单色，随着配色、特定形态的出现还会增强象征性。比如，象征共产主义的红色、红白及白黑的婚丧用色、阴阳五行思想的五色等。色彩象征依国家、风俗、宗教及时代等不同而变化，与建筑相关的部分称作JIS安全色彩、色彩象征。

❸ ————色彩嗜好

对色彩的嗜好依年龄、性别、民族、职业、教育、个性、地区、经历及幼年经历而有所不同。潜在意识、居住区域、时代、社会环境及其他方面也影响着对色彩的不同嗜好。日用百货与建筑物的颜色不能同样去处理，应根据对象物区别选择。

另外，嗜好还建立在追求愉悦的冲动、与自身的相关性、体面的维护等心理作用的基础上。

- 追求愉悦的冲动

沉醉于这种颜色的魅力或者与幼年爱好的颜色等吻合时。

- 与自身的相关性

并非单纯追求快感，适合自己的颜色的服装、化妆色等感觉会把自己凸显出来或者觉得通过这种颜色会进一步增强魅力、提升价值的时候等。

- 体面的维护

如同被赋予权威一样的满足感、优越感等。能跟得上潮流的称心感觉也体现在这里。

① 年 龄

从幼儿到读小学头几年期间，倾向于喜欢生机盎然的高纯度配色。并不是想突出自己，保持体面，而是本能的追求舒适的冲动在先。电视幼儿节目中英雄人物的着装首先是红色，然后是蓝色、黄色，这似乎已形成规律。长大以后开始联系到自身，大家公认为好的颜色才是喜欢的颜色，由自己的价值观来决定好恶的变化。从小学的后几年到中学这期间，出现了向中间色配色方面转移的倾向；20岁前后的人正值精力旺盛的时候，没必要选择强烈的配色，有时反而会喜欢素色；上年纪后，变得容易为鲜活形象所吸引并使用，年龄越大越不喜欢素色了。

② 性 别

幼儿时期没有男女性别意识。本能的快感、情绪就可以改变所喜欢的颜色。到了5岁左右，懂得一些男色、女色的区别了，色彩的喜好也不一样了。

不过最近围绕红色，就像公认的英雄人物用红色那样，不假思索地称红色属于女性，这种观点已有些站不住脚了（红色在西班牙就是男性颜色）。而粉红色依然是女性形象更强。在这个年龄上，还包括父母按自己喜好灌输给孩子的颜色，从小学初中这期间开始，男生喜欢蓝系色，女生喜欢红系色又成了一种倾向，不过各人差异仍然很大。

③ 经历、幼年的体验

穿某种颜色服装时，有时觉得不错，可后来就把它视为吉祥色了。玩具等一些特定的颜色留在了美好记忆中，有时这类幼儿期的体验，往往无意当中就与喜好的颜色连在了一起。

④ 职业、教育

就像设计师拘泥于色彩一样，对颜色的关注与否也决定着好恶的改变。对色彩有浓厚兴趣的人，在详细区分之后才使用满意的颜色。兴趣不大的人也并非区分颜色的能力差，只是觉得没必要详细区分再使用，所以，不拘泥于细微差别。每天都乐于面对梳妆镜化妆、打扮的女性，可以说她们是最在意色彩的。

⑤ 对象物的种类

饮食店内装修用紫色会影响食欲，可是化妆品包装的紫色却给人高贵的感觉；文具店红白绿三色旗的色彩很受欢迎，而原样用到室内装修上就太过分了。可见，对象物不同，该用的颜色也是不一样的。

⑥ 季 节

夏天用冷色，冬天用暖色这种嗜好日渐增长。

⑦ 文化风俗

伊斯兰教把绿视为天国的象征颜色；基督教以白为神的颜色，红、蓝、紫为圣色；共产主义的象征是红色。这些都依宗教文化及国情的区别而有所不同。生活在沙漠地带及冰雪北国的人憧憬绿色，可见气候风土也会造成嗜好色的差异。另外，对自己土生土长的地方的土壤颜色不会有不适感觉，所以，无意中也会成为嗜好色。做建筑外观的色彩设计时，当地的土、石、树木、天空和海水的颜色等风土色都要涵盖考虑。

建材及商品厂家要将主打颜色与地区对应起来，有时面向关东、关西等不同地区使用的样本都要有所区别。

⑧ 时代、流行

随着印染技术的进步，“冠位12阶”（603年）中官衔的最初颜色顺序后来也有部分变更等，都使得颜色偏好发生了变化。在那个时代，处在当时的社会状况下可以说受欢迎的颜色就是流行色。当代也是这样，时装界乃至建筑业都有其流行色。但是，建筑的使用年限较长，所以流行色的周期也比较长。

❹ 颜色嗜好的调查

笔者以住在关西的女性为对象，每年春天就颜色爱好问题对她们展开调查，从结果中分析内在的特征。调查中没有采用出示色卡的方法，只是讲日常接触到的色名或由她们随意回答喜欢的颜色、讨厌的颜色，各自举出一两例。将回答的这些色名按有彩色的10种色相和非彩色（白、灰、黑）分列出来，然后对各色相按5种色调进行分类分析，其中细节不再赘述（调查对象24~26岁的女性，最多时186人，最少52人，平均127人）。

① 嗜好色的顺位

公布的色相顺位，比如，“红”并非单一的红色，而是红系色各种各样色名的总计数字。

② 分析结果概述

(1)在日本，白系色和蓝系色是人们的普遍爱好。这次调查的结果也与此相符。

(2)上世纪80年代对白黑以及90年代后半期对黄、黄红的爱好比例的上升，都可称作流行色。

(3)喜欢颜色的理由包括：清爽（蓝色）、健康（橙色、黄色）、沉稳（茶色、绿色）等，多数人按照周围的时装时尚决定好恶，各种颜色所具有的良好形象特征中适合自己的就喜欢，不适合的就不喜欢。但是，很少有人说出自己讨厌的颜色是什么，讨厌的理由是刺眼、花哨、不够沉稳、含糊不清以及污浊等描述比较突出。

(4)就各种色相而言，红系色受欢迎的同时也有人讨厌，红系色中，对于超过半数的粉红这种颜色，除称其为婴儿桃红色、橙红色等惯用色名外，还与浅

每年春天对颜色嗜好的调查 **表4.3**

调查年份	喜欢的颜色			不喜欢的颜色		
	1位	2位	3位	1位	2位	3位
1988	白17.5	黑16.9	红16.2	无	红	黄
1989	白19.6	蓝18.1	红14.7	无	红	黄
1990	蓝15.7	红14.2	白13.9	黄	黄红	无
1991	蓝28.7	白15.6	红10.8	红	黄	黄红-紫-灰
1992	蓝30.1	红15.1	白12.7	红	无	黄
1993	蓝25.1	白13.6	黄12.4	红	无	黄
1994	蓝31.3	白13.4	红12.7	红	紫	黄红
1995	蓝26.5	白-黄16.1	—	紫	红	黄红
1996	蓝30.7	红13.5	白13.1	紫	红	无
1997	蓝24.4	黄21.2	白13.9	红	紫	无
1998	黄24.0	蓝23.1	黄红13.9	红	紫	无
1999	蓝21.2	红19.1	白15.2	红	紫-黄红	—
2000	红24.7	白-黄12.4	—	黄红	黄	紫-灰-黑
2001	蓝26.6	红16.8	黄14.2	红	黄	灰

的、淡的、柔软的、花哨的、浓的、灰的等各种形容词并用，同时倾向于按自己的理解描绘微妙的形象差异并努力表现出来。

(5)粉红系色和棕系色是没有纳入色相环的颜色，但是，日常生活中已作为独立的色相为人们所认知。

(6)20多岁的女性讨厌紫系色，对混浊色也倾向于讨厌。无所谓好恶的是那些出现机会不多的蓝绿色、蓝紫色、红紫色，在日常生活中都属于意识淡薄的色相。即使同种颜色，有时因日本名字印象不好，而改用片假名时就感觉好一些。片假名（外来语）的灰色、棕色可以喜欢，而平假名的灰色、鼠色及焦茶色就不那么喜欢了。这种现象不免令人遗憾，同时也促使我们对日本文化的重新认识。

5 流行色

人们的思想意识、思维方式都随着社会状况在变化。对于反映这种变化的色彩的嗜好也在改变，出现各个时期的颜色的流行。一旦与社会背景走到一起形成大流行也就不难理解了。

① 流行产生的心理

流行色产生的背景包括(1)变化的欲求、(2)趋众性欲求、(3)个性化欲求等心理。变化的欲求即对事物那种求新求异的变化愿望；趋众性欲求即总想与他人一样不能落后于时代的同类意识；个性化欲求即通过与他人的不同来满足自我展示的欲求。

② 流行的发生与发展

流行，首先由第一个吸收并采用的人展现出来（率先采用者的个性化欲求），受其影响因趋众性欲求的驱动向更多的人扩展。时装的流行，首先在同一代人中扩展，然后超越年龄地普及开来。相反，趋众性欲求和个性化欲求其中一方呈现优势，就会涌现出另一种倾向，结果就造成了相反的两种欲求的反复，时代则因此而向前发展。

家用电器、生活用品等商品，在经历了早期开发和性能提高，继而走向成熟这一时期，在颜色意识上可以看到很多不同情景。一种已经成熟的商品，与同行相比性能上很难拉开差距，这时就会把目光转向颜色，谋求通过色彩营造超越同行的差距。最近，随着普通人色彩意识的提高，从商品的概念化阶段就开始重视色彩了，越来越多的商品迎合概念化选择色彩。

近年来，不仅商品重视色彩，室内装修、建筑物的外观等环境色也都如此，社会正进入越来越突出“休闲心”这一要素的时代。

③ 流行的预测

时装界作为时尚流行色的预测机构，于1953年设立了日本流行色协会（JAFCA）。1963年，国际上又出现了以日本、瑞士、法国为发起国创办的国际流行色委员会（INTERCOLOR）。在一个时装季到来的两年之前，由参加国提出趋势预测方案，在此基础上推出流行色结论。参加国将这一信息带回本国，对相关行业公布。

④ 建筑行业的流行色

1945年~1955年期间，日本的工厂以提高生产效率、降低事故率为主要目的，曾流行从美国引进的效能配色观念，并称其为“配色”。至今，很多工厂的机床、地面都涂成绿色正是当时这种思路的遗痕。

在建筑领域，迎合玻璃、不锈钢等新材料的出现及其在建材中广泛采用，使得这些材料固有的颜色也成了流行色。

从国内的单户住宅来看，从2000年开始，日欧折中的住宅墙面、构件等外观采用发红、发黄的赭系色越来越多。包括屋顶在内，整体的纯度转向稍高的暖色系。再进一步，外墙瓷砖、壁板、现场涂装、石材挂面等不同材料混用，呈现一家住宅外观使用多种颜色的倾向。

这种倾向的背景在于，一些大牌住宅建筑公司对以往那些非彩色系冷色调的生硬外观形象厌烦了，受丰富的国外住宅信息等影响开始追求个性化，主妇们买房把爱好放在首位，更进一步说，购房者年龄的年轻化以及休闲心理对住宅的渗透等这些影响都要给予考虑。

❻ 颜色与解除病痛

近年来常听到色彩疗法（colortherapy）、通过色彩解除病痛（colorhealing）这类词汇。积极利用颜色效果消除压力、改善病情等实例越来越多，比如，通过对所选几种颜色的排序，推测当时的心理状态及身体状况，用符合这种症状的特定光照射患部或相应穴位就是一种可见光线疗法。

颜色不仅是由眼睛看的，将红色紧密缠在身上还有御寒作用。人体细胞经不同波长的各种颜色刺激可引起冷暖、活力等生理反应，这是生命体出生后就在不断接受的刺激和反应。各种波长共鸣是微小细胞生理感觉的根源，有观点认为是这种感觉被置换成了由我们眼睛看到的“色”这一表现形式，并从中得到认识。

奥拉（aura）、伽科拉（cakra）这类词汇已不再神秘了。生命体的能量（也是一种电磁波）奥拉是一种“色”，具有感知这种“色”的特异能力的人也确实存在，正像他们所看到的那样，还出现了一种通过调谐

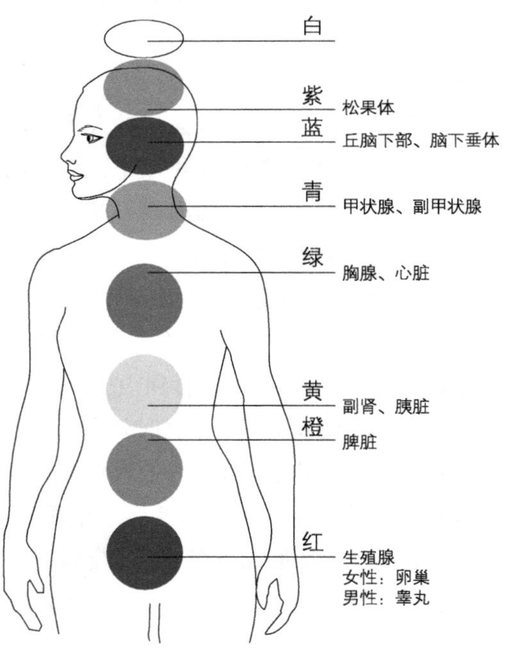

关于头部，将蓝、紫归纳起来也有些表现为紫

图4.7 伽科拉与色［彩页P.17］
可以说健康身体者这些颜色都处于平衡状态

波长将奥拉转至可视领域，置换成颜色的摄影器材。这其中不乏难以置信的成分，但是，不管怎么说不久将来科学终究会做出合理的解释。

尽管我们还不明其中道理，但红色令人兴奋，给人温暖感觉；眺望大自然的绿色让人感觉放松，毕竟已作为一种现象存在。各种颜色特性及其解除病痛的效果归纳起来如P.48的表4.4所示。

住宅、医院、护理设施、幼儿园、学校等地方如果都按其所需地发挥色彩在心理生理上的效果当然再好不过，只是目前还没有指导手册，原因就在于实际操作时，综合性的环境条件中，针对纯粹、特定颜色的效果做区分验证还很困难。即便简单讲一句"绿色好"，就有浓、淡、发蓝的绿、发黄的绿、自然的绿和油漆绿等很多种类，它们是不是具有同样效果？等等存在这类模糊成分。再进一步说，还有对颜色的过敏症，而反应轻重也存在很大的个人差异。

从这些问题不难看出，仅凭一纸手册很难有效利用色彩环境与心理生理相互间的关系。针对某个目的，这个颜色有效果，也只能在这方面使用，而不是极端地偏好使用某个颜色，关键在于营造一个均衡的色彩环境。

图 4.8　奥拉照片 [彩页P.17]
颜色会依身体状况和情绪发生变化

颜色特性、消除病痛效果 **表4.4**

红色	①热情、爱、朝气、欲望、兴奋、愤怒、勇气、好斗、强烈情感、行动、压力、力、体力、肉体体能、第一伽科拉的颜色（基础伽科拉）。 ②实干家。固执。精力旺盛。富于感情。外向型积极的。做事有头绪。集团带头人。热心肠。活动力强。先锋精神。改革者。 ③欲望流露时。紧张兴奋时。热情无限时。自我显示欲望很强时。肉体富于耐力时。热情气力消退时、红色能量欠缺时。 ④血压升高。血液循环加速体温升高。强心效果。思维敏捷。提醒注意。赋予朝气。受刺激而兴奋。喜冷。贫血。乐于体温下降。爱睡懒觉的人、枕边放红花。利于起床后眺望。因发烧炎症而不适。对过度刺激造成紧张而感到疲劳。对写字楼。有压力场所不适宜。
粉红	①易相处、明朗、甜美、可爱、忘乎所以的爱、慈祥、向往、浪漫。 ②开朗稳重。受长辈疼爱。体谅关心。为己为人均关切。不现实的浪漫。 ③想得到慈爱时。想撒娇时。想被怜爱时。不想与人争斗时。明亮中感到不安时。想结婚。对将实现的可能性心里做好了准备。 ④抚慰心灵。稳健而朝气。抚慰使其振作。劝导孤独忧郁者。暖胃。增进食欲。
橙色 （orange）	①创造、表现、独立性、快活、好动、高兴、娱乐、温和、宽容、体谅、知识、第二伽科拉的颜色。 ②快活开朗。富于个性。有创造性。上进的乐天派。以自己速度工作。易接近大众的。作为集团的中心存在。善社交但协调性差。要求自由独立。好自我展示的艺术家类型。运动员类型。 ③浮现好点子时。挑战欲强时。想突出自己时。慌乱时。急切期待时。想参与社交时。 ④血压上升。体内注入温暖活力。使快活而增强快感。使其乐观。诱发超群感。缓解改善精神抑郁感。提高血糖值有强心作用。促进胃肠消化增进食欲。适合娱乐及就餐场所。不宜于需要沉静场合。
茶色 （brown）	①信用、信赖、实质的、坚强意志、敦实、保守的、朴素、现实的。 ②有见识。敦实。认真稳健。有包容力。求安全保守的。潜藏的坚强意志。被动姿态。有耐力。踏实执著地发展。 ③情绪稳定时。自信而稳健。镇静中怀有不满时。物欲较强时。 ④因放心而沉静。赤脚走在土地上摆弄泥土、找回了委身于大自然的自身、感觉到了活力与希望。
黄色	①快活、开朗、乐天派捉摸不定、灿烂、天真、自我、意志、理性、幼儿般依赖性、专注力、第三伽科拉的颜色（太阳神经丛的伽科拉）。 ②开朗快活孩子气。通融温顺。单纯。撒娇（依赖性地需要爱怜）。强烈地进取和自我防卫的两面性。 ③快乐时。欢笑时。满怀希望时。游玩时。幼儿想撒娇时。因孤独孤寂希望协调时。 ④血循环流畅周身温暖。调理胃肠功能。使开朗健康。改善抑郁症状。赋予进取的希望及活力。增强洞察力决断力。使呼吸急促。
绿色	①平衡、调和、安心、公平、救济、变化、再生、满足、不冷不热的均衡状态（位于可见光的中间部分）、连接精神与肉体的能量。第四伽科拉的颜色（心脏伽科拉）。 ②深思熟虑派。社交而机灵的。因较好的协调能力而成为集团的调停者。有服务献身精神。慈善、同情、关心、有共享精神。诚实可信赖。追求现实而殷实的生活。被视为有社会价值的人。 ③精神稍显疲惫时。不能持久，精力不足时。从感冒痊愈及情绪低落中恢复阶段。饭后精神体力处于慵懒状态。生活及心情开始发生变化时。 ④安抚心情。松了一口气。促进血液及代谢系统。有净化。解毒作用。从受冲击及疲劳中恢复。有关心脏的心灵手术。排解压力缓和情绪。伴随活动力的决断力。一成不变的大面积人工绿色与其说帮助康复不如说造成无力感更确切，对日常生活及活动空间不适宜。

续表

青色	①理性的、知识的、高洁、名誉、诚实、平和、慈悲、恬静、爱、关心、内向的、保守的、不安、精神能源、第五伽科拉的颜色。 ②富于洞察力。温存。富于爱心。感情丰富易流泪。规规矩矩。慎重有规划。哲学家作家型。处于浅蓝色时、待人友善。情绪化的朴实。无主见而随和。 ③放松时。心平气和时。被情爱包容时。忧郁时。服从于义务感时。受感动而铭记时。不安忧郁等。处于浅蓝色的情况下、与人无争、有精神追求需要浪漫时、或体力、自信、气力丧失时。 ④神经亢奋得以放松。深呼吸使血压下降。缓和紧张松弛放心。使运动神经镇静。体力和精神都放松下来。寂静。安适。使其放心。稳定。发困。提高想象力和精神。退烧。改善焦躁不安等自律神经失调症状。改善哮喘头痛症状。治疗新生儿黄疸、在450纳米的蓝色光照射下、可提高去除肝脏毒素（胆红素）的能力、不需要交换输血手术。娱乐场所不适宜。
蓝色	①真实、道德、纤细、意识、混乱、内向的、孤独感。 ②敏感。与物质概念相比更重视精神概念。内向。好静。 ③冥想状态。意识清晰时。精神不稳定时、钻牛角尖为绝望感困扰时。 ④控制炎症。有助于灵感或直感。退烧止咳。
紫色	①直感、感性、审美意识、艺术性、精神集中、内省、高洁、病态的、压力、第六伽科拉的颜色。 ②感性优势。直感敏锐。有艺术才能。敏感自觉性自尊心强。天赋聚拢人的能力。有音乐旅游爱好。追求高贵的美的东西。追求个性。爱憎分明。 ③被优越感环绕时。沉湎于空想时。精力集中直感敏锐时。希望被周围人注意时（渴求神赐力）。病态忧郁不振时。不使病体发展需要自行痊愈的能量时。 ④兴致高涨。排解压力、使身体安稳下来、有精神平衡与集中的效果。促进洞察力知觉能力的提高。
白色	①调和、统辖、清洁、极端纯粹、空虚、自闭、抑制、神明、败北、感情麻木。 ②具有纯洁心智。有随和性。好运动。自己忍让配合对方。无主见。 ③各种颜色所意味着的能量都达到调和状态。准备忘我地去为他人献身时。信神时。空无的境界。恐慌时。犹豫不决时。没有兴趣。孤独。逃避。悲观意识时。觉得对方是不是要离开自己的不安感。 ④对焦躁、上火的抚慰。缓解精神压力造成的疲惫。消炎作用。洁白房间里会产生空虚感，所以需要添置油画、装饰品，赏叶植物等来弥补。
灰色	①孤独、神经质、不安、防卫、抑制、情绪消沉、没有气力、犹豫、怯场、文雅。 ②待人稳重理性。情感不外露忍受压力的神经质。不擅长体力劳动。得要领。过安静殷实生活。有时感情和内心不够充实。 ③自我否定。不合群。忧郁时。感情压抑时。不愿受他人干涉时。为不安疑虑等情绪所苦恼。神经质时。想逃避现实时。 ④不参与、急于逃避责任。
黑	①厚重、严肃、高尚、神秘性、洞察力、有力、压抑、恐怖心理、固执、不高兴、自我否定、背叛。 ②可以考虑合理的割舍。坚定信念认真投入的实干家。意识不到自己的人生还欠缺什么。 ③向人展示自己强有力时。事不如愿有反抗情绪时。抱有很强的不信任感疑虑又恐慌时。 ④情绪化反应很强。担心的事付诸解决前休息等待。

范例

①该颜色的象征、特性(与色彩联想一致)。

②喜欢该颜色的人的性格。

③该颜色所表现的能量易于释放，或者追求该颜色的心理状态。

④该颜色具有的生理效果，可解除病痛，色淡则效果减弱。

第5章　眼睛的构造与视觉

在考虑当今时代所要求的通用设计理念之后，必不可少的是眼睛构造与视觉方面的知识。

❶ ——颜色与波长

光刺激眼睛后产生的颜色是一种经过用眼睛看而形成认识的感觉。眼睛能看到的东西都带有颜色，但是，漆黑环境中是看不到颜色的。看到颜色必备如下三个条件：①有光存在、②眼睛的正常功能、③有对象物存在。

那么，感受到颜色要经过哪些具体步骤呢？

1　色觉

比如，设想一下看到草莓时的情景。在黑暗中看不见草莓，首先需要自然光或人工照明，让光照到草莓上反射出来，这些反射光就会刺激分布在视网膜上的视神经细胞。其感光信息传递给大脑，对它产生意识后中枢神经就会兴奋，于是便认识了这个红色的草莓的存在。

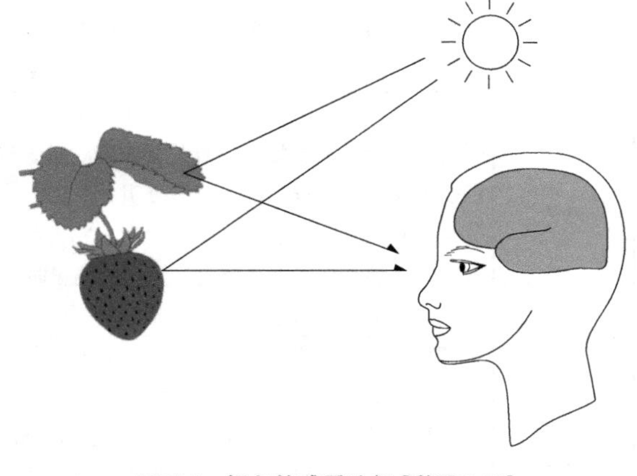

图 5.1　颜色的感受途径 [彩页P.18]

可是为什么这草莓看上去是红色呢？原来太阳光（自然光）是由所有波长的光（所有的各种颜色）混合成的无色透明的光（白色光）。如果白色光照射到物体，各种波长的光或被物体表面反射或吸收，这些光的反射程度由物体的颜色决定。草莓吸收了大部分波长较短的绿光、蓝光，而更多的波长较长的红色光都被反射了出来，所以我们认识到它是红色。

植物的叶子对中波长的绿色光反射较多，所以看到的是绿色。如果所有波长的光都反射就捕捉不到颜色，形成明亮的白色，相反，如果全部吸收，我们看到的就是黑色。

2　什么是光

1666年，英国物理学家牛顿用三棱镜发现自然光中包含有赤、橙、黄、绿、青、蓝、紫这七种颜色的光，各种颜色都不能超出这个范围再分色成为单色光（光谱），将它们全部聚集后，就会变为原来的无色光。牛顿在其论文《光学》中通过“微粒子向四面八方散布现象”这一微粒子说解释了什么是光。

后来，荷兰物理学家惠更斯提出“光与声一样通过媒介振动传播”这一波动说。

1864年，英国物理学家麦克斯韦发表“光是电磁波”的主张。到了现代又把两种观点合并，将光视为同电视电波、X线一样皆为拥有自己波长的电磁波的一种，既属于微粒子又具有波动性。

在各种波长的电磁波中，人的眼睛对380～780nm（纳米：1纳米=10^{-9}米）这一范围可以感觉到颜色，这一波长范围称作可视光线。短波（靠近380nm）为紫色光，中波（500nm左右）为绿色光，长波（靠近780nm）为红色光。比紫色波长短的领域为紫外线，比红色波长更长的领域为红外线，但我们眼睛都无法感觉（看不到它的颜色）。

3 折射、散射、绕射、干涉

① 折 射

太阳光穿透空气中的水滴时，因折射率的不同，赤、橙、黄、绿、青、蓝、紫依各自波长分别反射出的颜色就是我们眺望到的彩虹。青色等波长越短的光，折射率越大越容易弯曲，红色等波长越长的光，折射率越小越难以弯曲，所以各种颜色就按光谱分开了。

所谓“七彩虹”是按相似颜色的顺序连续变化的，各种颜色汇聚成七色，为此称其为“七彩虹”，但并非明确地只区分这七种颜色。

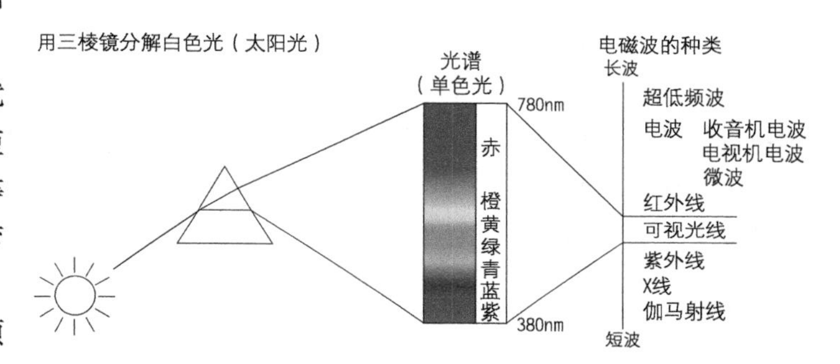

图 5.2 可视光是电磁波 [彩页P.18]

② 散 射

光以波动方式传播，遇到小于波长的障碍物就会发生散射。来自大气中氮分子、氧分子的波长短的青色光，会比长波的红系色光更大量地发生散射，其程度依波长而不同的散射叫做“瑞利波散射”。

天空之所以呈蓝色就是因为太阳光遇到上空的水蒸气、尘埃等微粒子以及大气中的氮分子、氧分子，短波的青色光所散射的部分就被地面的人们看到了。早晚的太阳处在位于近地平线的角度上，及至眺望者之前阳光穿过大气的距离拉长，这时长波部分在到达地面之前也会因散射而染上红色，这就是朝霞及晚霞的成因。

相反，浮游的水蒸气等障碍物如果大于光的波长，则不论波长大小都同样会发生散射，这就叫“弥散射”。云彩被看成包含所有波长的白色正是这个缘故。

③ 绕 射

光遇到尖锐物体的边缘时，越是长波长的光行进方向越容易弯曲，这一现象就叫绕射。光也可以绕到电柱等障碍物的背面去，影子在远处变得模糊就是这个缘故。

④ **干 涉**

同样波长的两种光，位相稍有偏差地行进时，由于波形吻合而发生的一种现象。

肥皂泡就是肥皂膜表面反射的光与进入膜里面之后内侧面反射的光互相干扰造成的各种颜色的光。

4 红外线与紫外线

紫外线对细菌、病毒有杀灭作用，用于紫外线疗法可开展对皮肤病等的治疗。大量接受紫外线还是日射病及皮肤癌的诱因。但是，体内维生素D的生成又离不开紫外线，维生素D不足时，钙及矿物质的吸收就会受到影响，导致骨质疏松等疾病。

蝴蝶、蜜蜂可以看到紫外线。花朵凭借有无对紫外线的反射来提高其视觉识别性，从而招引昆虫来授粉，同时昆虫也找到了花蜜。同样的鲜花，人与昆虫看到的内容却不同。还有植物的叶子，光合作用过程中要利用长波和短波，而将效率较差属于中波的绿色光反射掉。换言之，对植物来说并不需要绿色，可是在我们人类眼里植物的绿色又是不可或缺的。这里也可以视其为地球生态链使然。

长波的红外线我们看不到，但我们的肌肤（触觉）可感受到它的热量，太阳光、采暖炉给我们身体暖烘烘的感觉就是红外线的作用。如果这样考虑，就完全可以认为夹在紫外线与红外线之间属于可视光范围的光对身体的生理现象总还是有所影响的。

❷ 眼睛的构造

眼睛是捕捉波长在可视光线范围内的光，并将其转换成可供大脑做颜色信息处理的电信号的器官。

前面讲过的眼睛的构造在捕捉草莓的红色时，来自草莓的反射光首先通过角膜，然后透过晶状体，经过晶状体调焦的折射光在视网膜的中央窝成像。到达视网膜的光由视细胞按长中短三种波长范围分解它们的刺激程度，传递给大脑，在那里综合三种刺激后，作为一个特定颜色加以认识。因为草莓的长波刺激程度大，所以我们感受的是红色。

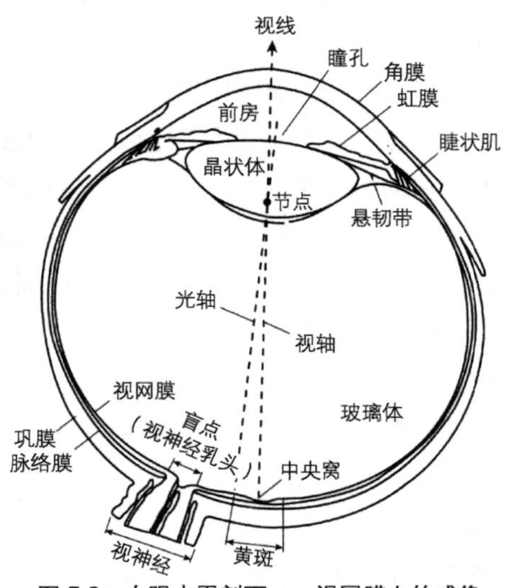

图 5.3　右眼水平剖面——视网膜上的成像

1 各部名称及功能

眼球是直径21～25mm的球状体，外表面由巩膜覆盖。巩膜的前面是无色透明的半球状角膜。

脉络膜一面分布着血管，前房处突出的部分形成虹膜。虹膜依人种不同颜色各异。它围成一个圆形瞳孔，调节瞳孔的大小可以控制一定数量入射光通过晶状体（镜头）的中心。

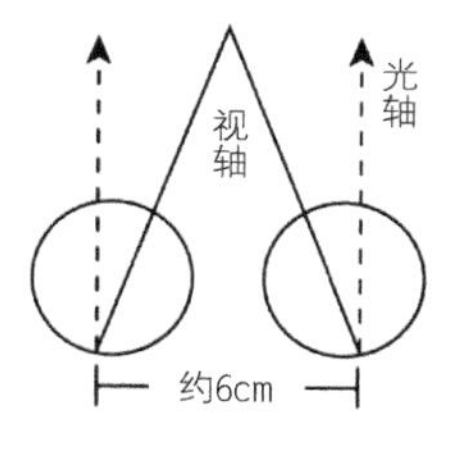

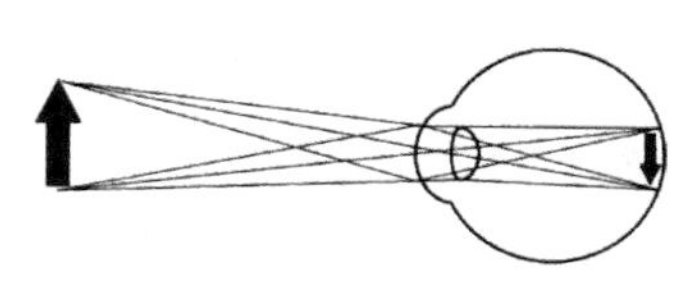

图 5.4

入射光首先经角膜有个大折射，角膜后面是晶状体。看远处时，晶状体被睫状肌牵拉厚度变薄，折射力减弱；看近处时，晶状体自身的弹性使其变为较厚的凸透镜形状，折射力因此增大。就是这样，通过晶状体厚度变化来变焦，然后在视网膜上成像。视网膜的中心处呈现一细小凹坑，这是视力最强的部位叫中央窝。看东西时，眼球转动就是为了总能是在中央窝成像。

通过视网膜的敏感度和瞳孔孔径的调整，可以在不足1勒克斯到10万勒克斯的照度之下看到物体。到达厚度只有0.3mm的视网膜的光由视网膜里面的视细胞识别。

视神经乳头是视细胞信息集束于视神经的通道，由于这个位置没有视细胞所以也称作盲点，盲点处即使有成像也看不到。

图 5.5　盲点的观察

闭上右眼，用左眼盯视右边的★，同时将目光自近而远地慢慢移开，无意中不知在哪个距离上● 就消失了。同样方法，再用右眼盯视左边的● ，在某一距离上★也会消失。这是因为成像落在了盲点上，所以无法看到。

2 视细胞

视网膜上分布的视细胞分为视锥细胞和视杆细胞两种。

① 视锥细胞

这是一种圆锥状细胞，直径约0.003mm，约650万个，集中于中央窝处。

视锥细胞里所含的视紫蓝质（iodopsin）处于560nm、530nm、420nm附近，反应都很强烈、据此又可分为L锥状细胞（赤锥体）、M锥状细胞（绿锥体）和S锥状细胞（蓝锥体）三种类型，可在明亮的地方发挥作用，识别颜色（0.03lx以上、辉度在2cd/m^{2}以上可发挥作用）。这三种视锥细胞的刺激综合起来还可以识别明暗。

视锥细胞发挥功能的状态就是明视觉。

② 视杆细胞

这是一种棒状细胞，约1.2亿个，存在于视网膜周围。含有只与明暗相关的视紫质(rhodopsin)，在暗处发挥作用，可识别明暗，不能区分颜色。

在暗处仅视杆细胞发挥作用的状态叫暗视觉。暗夜里走路可看到物体，但看不出颜色。

【参考】视紫质是一种由维生素A构成的蛋白质，即蔷薇色蛋白质的意思。可满足暗适应的视紫质受光照后即依红紫色→淡黄色→无色这一顺序发生变化并分解，无光时重新合成。维生素A的发现始于对夜盲症（雀盲眼）的研究过程中，因此与保护视力密切相关。

3 传递信息的途径

信息的传导途径。复数视细胞的信息经整理后传递给水平细胞，再通过视神经离开眼球。

目前的理解是，对视细胞层次上的信息处理由扬-海姆霍兹的三色性发挥作用，在这些信息从水平细胞向大脑的传输的路径上，则增加赫林的红-绿，蓝-黄这类相反色性的处理功能。

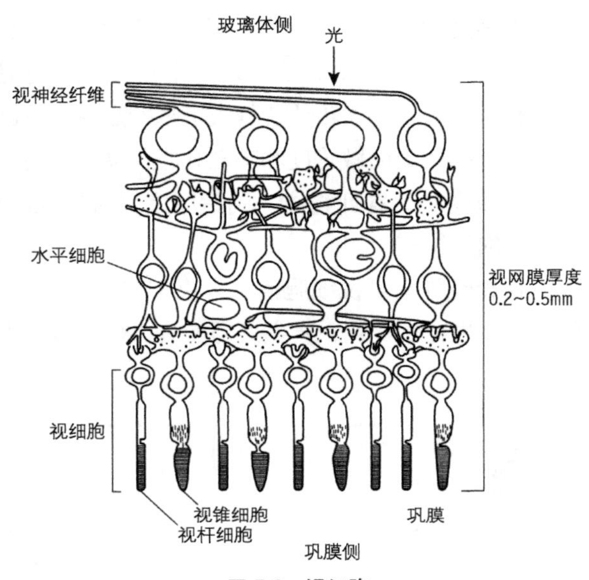

图 5.6 视细胞

① 扬-海姆霍兹的"三原色说"（1868年）

扬假设有三种感受器与红、绿、蓝对应存在，并提出依其刺激程度可让人感受各种颜色的假说。海姆霍兹发展了这一假说，揭示三色中如有一种充分反应就会削弱对另外两种颜色的反应这一功能，即可视光线中长波、中波、短波的光线刺激，都各自有所反应，通过对这些刺激造成的神经兴奋程度的比较，即产生对颜色的知觉。取该二人的姓氏就称其为扬-海姆霍兹说（如今已经确认了三种视锥细胞的存在）。

② 赫林的"相反色说"（1878年）

"三原色说"认为黄色是受红与绿的刺激而产生的颜色，可是从黄色中感受不到红与绿的存在。从这一矛盾点着眼，在承认有三种感受器（视锥细胞）存在的基础上，得知与红或者绿、黄或者蓝、白或者黑都可以发生反应。红与绿是两种相反色，感受到红色的时候感受不到绿色（没有红绿色）。同样，黄和蓝也是相反色。不仅于此，感觉白或黑的感受器还会传递有关明亮的信息，黑白不能同时存在，可是又有灰色可以感受双方的存在这一矛盾（基本色相为红、黄、绿、蓝，所以也称其为赫林四原色说。）

4 近视、远视、老年性远视、弱视

近视分为眼睛纵轴方向过长的轴性近视和角膜或晶状体的折射力过强

造成的折射性近视两种类型。由于看到的物体在视网膜前面成像，视网膜上影像模糊，所以，可用凹面镜的眼镜以及镜面比角膜曲率平缓的隐形眼镜来矫正。

远视是由于角膜曲率平缓、光线不会明显折射。所以要用凸面镜矫正。年轻时可通过让晶状体膨胀来解决，因此使用凸面镜眼镜或隐形眼镜的人很少。

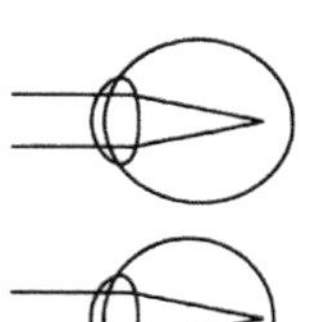

轴性近视——眼轴的长度方向过长时大部分近视属于这种情况。可用凹面镜矫正。

折射性近视——角膜或晶状体的折射力过强时可用凹面镜矫正。

图 5.7 轴性近视、折射性近视

老年性远视（老花眼）是因为晶状体随着年龄的增加弹性逐渐消失，靠自身弹性已很难充分膨胀，看近处物体时处于难以准确聚焦的状态。正视的人可用凸面镜补充膨起的不足，看远处时就用不着戴眼镜了。近视的人看近处时不用戴眼镜，看远处时要戴凹面镜眼镜。

弱视是由于幼儿期的某种原因视细胞没能正常发育，视力发展处在停滞状态。通过眼镜可矫正的近视不属于弱视。视力欠缺有诸多不便，比如，室内装修中所铺的地板如果与墙围的颜色一样，就会导致地面与墙面的界限难以区分。

地面及人行道上为视觉障碍者铺设的引导方砖皆采用易于目视识别的高调色彩，黄色用得较普遍，但地面为白色的明亮色时，因反差小即使黄色也会变得很难识别。

【参考】 关于为视觉障碍者铺设的引导方砖，像“原则上应选择黄色或橙色”这类政府指导方针有很多，东京都的道路整备基准中要求“如果辉度比在1.5～2.5之间，既可满足弱视者识别，健全人看了又不会觉得不适。”建筑物整备基准则要求“关顾弱视者，原则上应采用黄色或橙色，但选择其他颜色时，应兼顾与周围颜色的明度对比等因素。”

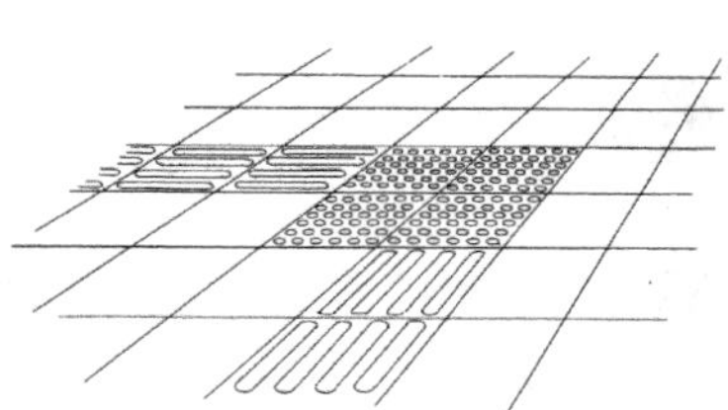

图 5.8 方便视觉障碍者的引导方砖

❸ 色觉特性

与通常状态的色觉相比，因遗传因素颜色识别能力往往有所不同。三种视锥细胞中如某一种功能较弱，三色型色觉就会发生异常，如某一种出现了功能欠缺或功能非常弱就叫做二色型色觉异常，这时即出现色觉障碍。

1 三色型色觉异常

包括第一色弱（红色弱）、第二色弱（绿色弱）和第三色弱（蓝黄色弱），其中第二色弱最为常见。

第二色弱对黄色系、蓝色系很容易区分，但往往将红色和绿色混淆，特定的红和绿会视同于非彩色。

色弱在观察条件较差时，比如，区分较小面积的颜色时、昏暗环境中、瞬间闪现以及低纯度等场合，就会发生色彩不易识别的状况。

2 二色型色觉异常

分为第一色觉异常（红色觉异常）、第二色觉异常（绿色觉异常）和第三色觉异常（蓝黄色觉异常）三种类型。

仅次于第二色弱较常见的就是第二色觉异常。第二色觉异常是因为绿视锥细胞已丧失功能，因此，水平细胞上的R（红）–G（绿）不能充分发挥作用，全都靠黄色系和蓝色系去识别，结果对黄色系和蓝色系很容易识别，而绿色系和红色系就混淆不清，特定的红和绿会视同于非彩色。

第一色觉异常的视物状况与第二色觉异常一样，但红系色颜色（长波色）显得较暗，这是与第二色觉异常的不同之处。第三色觉异常在现实生活中极为少见。

这类先天的色弱、色觉异常是由于遗传基因中的X染色体出现异常所致，女性较少，多见于男性。出现概率黄色人种男性约5%，女性0.4%，日本人男性中带有这种色觉特性者约每20人有一例。以标志识别为首，色彩设计中至今尚未引起对色觉特性的关顾，今后考虑通用设计时这是一个应该留意的问题。基本解决办法就是保证清晰的明度差，显示重要的信息时要易于识别。

4 眼睛的老化

1 因老化造成的视物方式的改变

① 晶状体浑浊、黄变

上了年纪以后受器官老化及紫外线的影响，晶状体的透明蛋白质分子变大，水溶性逐渐丧失。同时维生素C等减少，相反钙质等增多，于是发白变浑浊。而蛋白质中部分氨基酸被紫外线分解，晶状体就被染上了黄色。

最初，白浊现象通常是呈楔形的白色浑浊物，从晶状体周边逐渐向中心的顶点发展，全面扩展就成了白内障（老年性白内障）。但它只是老化现象中的一种，并不是病，不存在延误病情的说法。如本人感觉不适可通过手术摘除晶状体，植入人工晶状体。白内障的个体差异很大，一般从40岁左右开始出现，到70岁以后有80%～90%的人都会出现白内障。

白内障带来的不便主要包括以下方面：

晶状体浑浊致使透光率下降，视力随之下降，视物会出现两重影、三重影，看东西好像隔着一层薄纱，模糊不清。看不清东西眼睛就容易疲劳，处在明亮场所晶状体的浑浊会导致光的散射，令人感到眩晕，这种眩晕泛白的感觉也可解释为纯度下降。

有人反映白内障手术后，重新看到电视上绚烂多彩的画面时有眼睛疲劳等感觉，经过短时间适应后这种感觉就会消失。

② 短波透光率下降

晶状体的黄变说的是蓝系色的短波透光率更低，所有颜色都变得稍稍泛黄而浑浊，并不是黄得更娇艳，而是各种颜色的纯度都降低。但是，本人则顺水推舟，看着白就将其视作白色，所以觉察不到这一变化。其弊端就在于蓝绿系色颜色之间的微妙差异很难区分。白与黄、蓝与紫、蓝与黑的区分也很难。还可以举出低纯度颜色被看成浑浊的灰色等现象。

③ 瞳孔扩张不充分

虹膜不能充分扩张，瞳孔无法张大。加之晶状体白浊，入射光减少，所以，处在昏暗场合看不清物体及其颜色。

60岁的人由于透光率低下，视物时需要达到20岁时两倍以上的光亮，但是，仅仅提高亮度又会导致眼球内散光增多，由此造成令人不快的眩光（感觉不适的眩晕）。

④ 玻璃体浑浊

凝胶状玻璃体浑浊时，其影子会映现在视网膜上，并随着眼球的转动而摇晃，好像有浮游物飘在眼前，所以也称其为飞蚊症。

⑤ 视细胞减少

进入高龄后视细胞萎缩，数量也日渐减少，加上其他症状，整体上的低纯度识别愈发困难，可识别的颜色范围减小，在暗处表现得更明显。

⑥ 适应能力低下

适应过程需要时间。比如，直视迎面驶来的车前灯时，在感到眩晕之后视物不清的状态比年轻时更持久，处于驾车场合就很危险。

【参考】 绿内障不属于老化现象。当眼压增高、视神经血流不畅时，视细胞就出现障碍，部分丧失视力。这种病的症状为视野部分缺失，视野变窄。视细胞一旦受损很难恢复。

2 解决视物变化的方法

图案颜色与底色的关系，与其用色相差加以区别不如加大明度差更能提高识别效果，尤其作标志设计时需要格外注意，不仅靠色彩，从尺寸、形状上都应该给予考虑。

扶手等出于安全性上的考虑应重视目视识别性，与墙面装修（背景色）之间应加大明度差。

装修时照明器具的安装位置应设法避免光

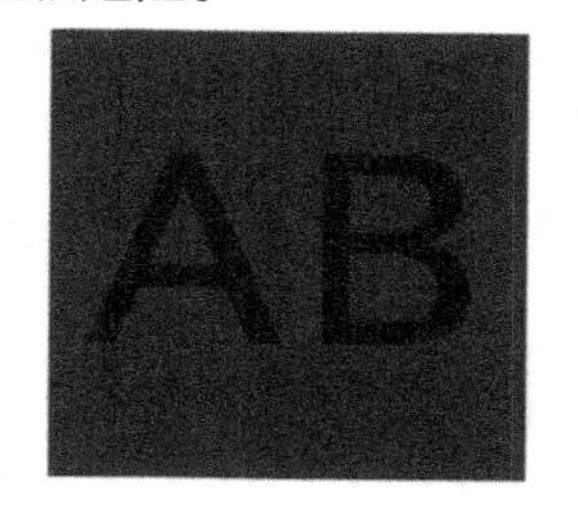

图 5.9　老年人难以识别的配色（上）和易于识别的配色（下），（孟塞尔明度差1以下则识别困难）[彩页P.18]

源直接对着眼睛，并配备乳白色灯罩，以免灯泡外露光线耀眼等弊端。路灯也要做同样考虑。

❺ 颜色的知觉

日常生活的视野里五彩缤纷，我们可以感知同类颜色之间的相互影响。受其影响相同颜色也会看出不同，这就是产生了对比现象或同化现象。另外，我们的眼睛既有正常的观察方式，同时还具有调整敏感度的适应功能。

1 同时对比现象

同时看两种颜色时，这两种颜色会互相影响，但我们观察时会注重它们的差异。

① 色相对比

色相环上各种颜色互相排斥，要离远一些观察。

② 补色对比

色相对比的一种。补色的同类色（PCCS色相环上对应位置上的一类颜色）配色，色相才不会偏移，受相互心理补色的影响，比原本能看到的更清楚。小豆饭（大米与红小豆煮的干饭。译注）上装点的南天叶子等在为菜肴增添色彩的同时，看着还更加美味，这种手法就是补色对比。色彩设计中，做同类补色的配色时，选色前头脑中要牢记加大反差能使其看上去更华丽。

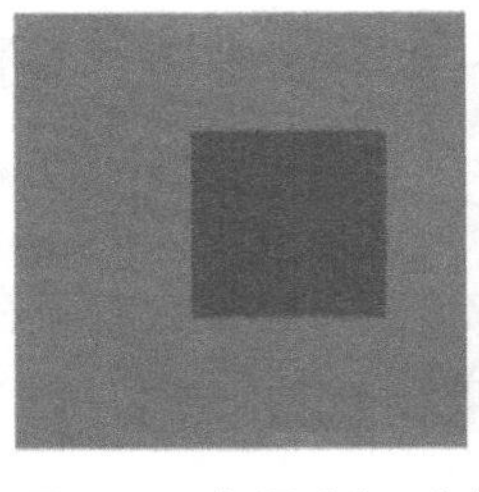

图 5.10　色相对比：左侧的橙色明显泛红，右侧的橙色看上去明显泛黄。[彩页P.18]

③ 明度对比

强调明度差，使得高明度的颜色更亮，低明度的颜色更暗。

放在白色桌子上的较小的色卡看上去要比实际颜色暗，而放在黑桌子上看起来就显得明亮一些。这种现象在选色的时候需要留意。

图 5.11　明度对比：左侧的灰色较暗，右侧的灰色看上去较亮。[彩页P.18]

④ 纯度对比

强调纯度差可使高纯度颜色更亮丽，低纯度的颜色更浑厚。

图 5.12　纯度对比：左侧的浅蓝色较亮，右侧的浅蓝色看上去较暗。[彩页P.18]

⑤ 边缘对比

两种颜色的交界处，作为对比现象是需要特别强调的一点。可以造成比色相、明度、纯度等更强烈的对比现象。

⑥ 马赫带

边缘对比的一种。将色相、明度不同的颜色连在一起时，明亮色一侧的交界处出现一条暗带，暗色一侧的交界处出现一条亮带。配色时如果让明暗反复交替就看不见马赫带，而是以折痕形象背离我们视线远去了。

⑦ 哈曼格栅

间隔空隙的交叉处，无意间会呈现黑色。

⑧ 埃伦施泰因效应

网格中十字交叉的空白处特别亮，而且看上去呈圆形。

⑨ 霓虹色现象

埃伦施泰因效应的十字交叉处用亮线连起来，就会有一个个闪着霓虹色彩的圆形呈现出来。

⑩ 色阴现象

带颜色的光线照射物体后的影子看上去很接近其补色这种现象叫色阴现象。也包括灰色周围呈现有彩色的补色环绕的情景。

⑪ 面积对比

面积一经扩大，明度、纯度就比原来更突出。

在生活空间里，低纯度颜色如加大面积就觉得明亮。但是，又有颜色意识消失的倾向。而暗色如加大面积使用则显得明亮，而实际上也有时昏暗的印象会更强，对此应予以注意。

图 5.13　边缘对比[彩页P.18]

图 5.14　哈曼格栅[彩页P.19]

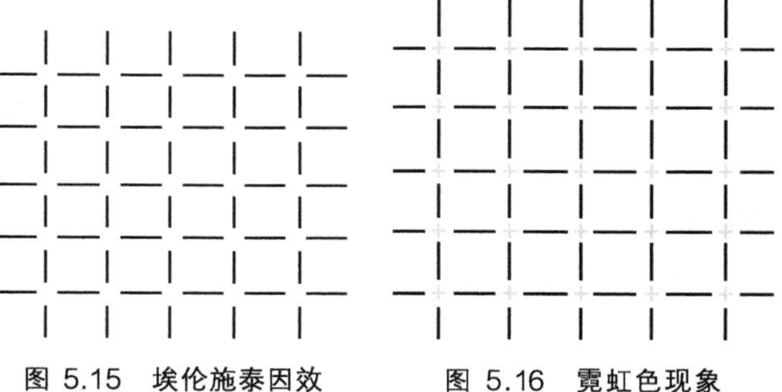

图 5.15　埃伦施泰因效应[彩页P.19]

图 5.16　霓虹色现象[彩页P.19]

2 连续对比现象

某种颜色看过一会儿之后再看其他颜色时，受前面颜色的影响，会觉得后者与其本来颜色有所不同，这种因时间因素造成的现象就叫做连续对比。

① 补色后像（负后像）

看某种颜色时，响应其刺激的瞬间，提高了认识该颜色的敏感度。持续再看一会儿这种敏感度就会顺势而下。处在该颜色刺激以及补色关系上的色觉敏感度并没有下降而是在保持，所以，持续看到的颜色若从视野中消失，就会失去敏感度的均衡状态，出现补色的后像。作为该颜色后像产生的颜色叫做心理补色。比如，电视广告片在播出橙汁画面之前是蓝色天空和大海，利用补色后像效果就更强调了橙汁的颜色。

② 正后像

在1/16秒以内的短时间里，会产生与刺激色同样颜色的后像。电影和电视的画面就是利用了这一现象。

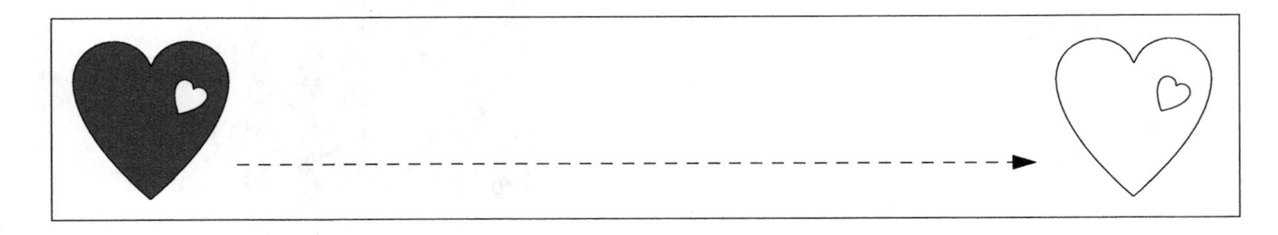

对左侧红心盯看10~15秒，然后把目光移至右侧心形图案，这时会有种蓝绿色的感觉。

图 5.17　补色后像 [彩页P.19]

3 同化现象

① 同化现象

与对比相反，一种颜色被其他颜色包围时，该颜色就会变得与周围颜色相似，这就是同化现象。装在红色网袋里的橘子，网的颜色与橘子同化，这时橘子就显得更红了。并不是看不见网，而是被围绕的色面积、线条、形态都细化了，两种颜色的色相、明度越接近越容易出现这种现象。

② 利布曼效应

参与配色的颜色明度差进一步缩小，图案与底色就越发难以区别了。这种现象就叫做利布曼效应。

4 易见性

指同样条件下对物体存在及外观的易于识别或读取的程度。识别性、判读性或图形视读的明视性这类词汇与易见性都是在相同意思上使用。用于设计规划、老年人、色觉特性等方面都很重要。

通过配色可让人看得清楚，也会让人看得模糊。色相区别再大，若没有明度差从远处照样难以识别。对象（图案）与背景（底色）的明度差越大，易见性、判读性越强。

JIS的安全标志用来揭示有关安全的信息，使用高纯度颜色的同时，文字、模式（图色）以及背景色（底色）的明度都要加大。

5 注目性

注目性亦称醒目性。指在满足吸引目光这一特性上，什么样的颜色更易于察觉以及易于提醒的程度。易见性包括情感兴奋的状态，如果易见性强，即便平时不习惯的异常配色也具有很强的注目性。比如，JIS安全色彩中黄与黑组合就是注意标志，黄与红紫组合则用于放射性的标志。

JIS的“安全用色及安全标志”中，所谓安全色就是给具备安全含义特性的颜色的定义，能令安全色更显眼的对比色、形状以及文字等组合起来就可以确定为安全标志。

安全色举例 **表5.1**

安全色（参考值）		表示事项	使用场合举例
红	7.5R4/15	防火、禁止、停止、高度危险	防火警示、配管标志中的显示灭火、消火栓、火灾报警器、急停按钮、禁止警示
黄红	2.5YR6/14	危险、航海保安设施	危险标志、危险警示、开关盒盒盖在内面、救生圈、救生器械
黄	2.5Y8/14	注意	注意标志、电线护罩
绿	10G4/10	安全、避难、卫生、救护、行进	安全指导标志、太平门方向标志、护具箱
蓝	2.5PB3.5/10	告知（义务性行为）、注意	佩戴防护眼镜、正在修理之中的标志
红紫	2.5RP4/12	放射性	贮藏设施、管理区域围栏
白	N9.5	通道、整备、对比色	通道分界线
黑	N1	对比色	

图 5.18 明度差较大的配色、明度差较小的配色。[彩页P.19]

图 5.19 安全标志举例 [彩页P.19]

6 适应

视网膜上视细胞的敏感度随着亮度和颜色的变化而改变，易于看清物体的视觉反应过程就叫适应。

① 暗适应

从明亮的地方进入昏暗场所时，眼睛需要10分钟来习惯环境，而达到全部看清细节则需要30分钟左右。首先是视锥细胞要用5～7分钟做暗适应，照度在0.01lx以下感觉不到。接着视杆细胞开始适应过程，于是，在暗处也可以看清楚了。进入已经开演的电影院时，脚下和空坐席都看不清楚就是这个道理。

适应强光所需时间与适应弱光线相比，达到暗适应所需时间更长。光的强度如果逐渐减弱就可以更快地达到暗适应状态，所以，隧道的照明都从入口附近开始逐渐变暗。

通过暗适应过程适应了昏暗场所的视觉就叫做暗视觉。

② 普尔金耶现象

处在从明视觉到暗视觉的移行期间中等亮度的状态（微明视觉状态），视锥细胞和视杆细胞双方起作用时的视觉就叫普尔金耶（发现者的名字）现象。向暗适应移行时，原本亮处可清楚看到的红色、橙色会随着环境转暗变浑浊而难以看清，而蓝绿、蓝等颜色显得很亮，黄昏时就是这种状况。因为在暗处发挥作用的视杆细胞其最大敏感度的波长范围位于靠视锥细胞短波的一侧（507mm蓝绿）。在微明视觉、暗视觉状态下，远近及立体感都会削弱（参照P66图6.5）。

③明适应

从暗处进入明亮场所时，敏感反应过程由视杆细胞向视锥细胞移行。刚离开的瞬间有眩晕感，0.2秒左右即可适应这种亮度。明适应只需极短的时间，所以，从昏暗的电影院出来以后，外面再怎么明亮眼睛也不至于看不清。

通过明适应习惯明亮环境的过程叫明视觉。视锥细胞对555nm（黄绿）周围的波长感觉最明亮，所以，黄色到绿色区间的颜色看着更明亮（参照P.66图6.5）。

④ 色适应

即适应周围的颜色。依经验、学识修正知觉，即使物理性色刺激发生变化，看到的颜色也不会因此而改变这样一种现象。

进入白炽灯照明的房间之后，物体看上去泛黄，这是由于白炽灯黄红光谱较多的缘故，刚看时眼睛对黄红系色敏感度较低，通过与黄红光谱多的灯光复合，红、绿、蓝三种感度就转为平衡状态，其结果就很接近自然光下的颜色了。

同样，戴太阳镜时的情况也是这样。戴上之后会觉察到镜片颜色，过一会儿，所视物体就如同在自然光下面一样了。这一适应过程也是由于恒常性的持续。

7 恒常性

即便照明、观察条件改变，视网膜上的影像已不存在，也同样对该物体有知觉。这是一种主观上不易察觉其变化的现象。

① 亮度的恒常

白色的纸即使在微暗环境中看上去也是白色而不会是灰色。眼睛通过照明区别光亮和物体表面亮度，并由此产生视觉。对物体表面色的亮度知觉（对明亮的感觉）并非物理概念的光的反射量，而是以反射该物体的光的比例（反射率）来判断。

② 色的恒常

即使观察环境及照明条件不同，主观上也依然会看成相同颜色。红光照射在白纸上这张纸也不会被看成红色。眼睛在记忆的基础上将物体固有的颜色与照明光线加以区别，从中做出判断。

8 主观色

即使没有光存在，感觉上仍有颜色呈现这种现象即主观色。有一种著名的“贝纳姆转盘”，如图5.20所示，旋转一块带有白黑线条的圆盘，这些线条就会在圆盘上形成同心圆形状，看上去带有淡淡的颜色。改变旋转速度、方向，看到的颜色也不一样，有时看到的细条纹也带有颜色。主观色的成因就在于视神经色觉的产生时间、残存时间依颜色的不同而不同，也有说法认为是光的像差、折射所造成，但至今尚没有确切的解释。

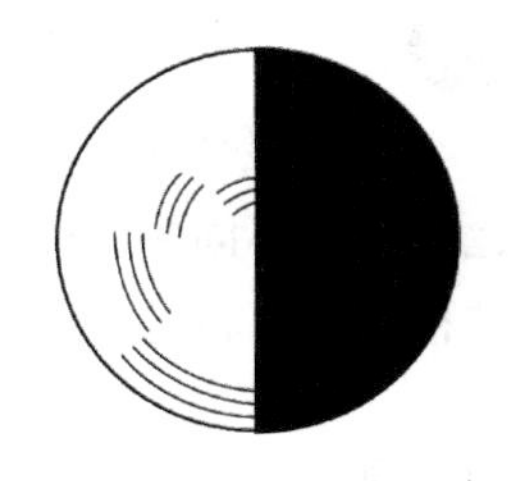

图 5.20　贝纳姆转盘

【参考】　所谓像差即从一个点向各个方向放射出去的光线，通过晶状体、镜头等光学收敛系统后，没能准确集中于一点，无法生成几何学像点这种现象。

9 贝泽尔・布吕克现象

指辉度高时黄红、黄绿看着偏黄系；蓝紫、蓝绿偏蓝系这种现象。比如，600nm的橙色光亮度较强时看上去泛黄增多，波长不同，辉度的影响也不一样，474 ~ 478nm的蓝色、503 ~ 507nm的绿色、571 ~ 575nm的黄色等，所见的色相不会依辉度的不同而变化（不变色相）。

10 阿布尼效应

指颜色刺激的纯度（鲜艳度）发生变化时，所见色相也会发生变化这种现象。比如，若将绿色光更鲜艳些可增加黄色。为了达到同样绿的色相，就必须在变鲜艳的同时，向蓝的波长方面移行，这种现象也叫不变色相（577nm黄）。

11 斯蒂尔斯・克劳福德效应

指通过瞳孔中心的入射光看着最亮，偏离中心的周边部分入射光变暗的现象。

白色光光轴如偏离瞳孔中心1mm，感受到的亮度就会削弱90%。这是由视细胞入射角的特性所决定的，因为视网膜上的入射角通过瞳孔中心时，才能以最好的敏感度发挥作用。

12 记忆色

指与特定事务有关联而记下来的颜色。为了形成记忆往往倾向于比本来的颜色稍稍增加纯度，以便强化印象促成记忆。照片上的肤色等通过印刷等手段再现时，总是喜欢比实际肤色更偏向于记忆色的方面。

第6章　混色与测色

❶ ——颜色与波长

将色混合起来叫做混色。色光和绘画颜料等色材中即使同样的色混合也会出现不同颜色。无法通过混色得到的颜色叫做原色，色光和色料各有三种原色，利用这三原色混色可以表现出各种颜色。

1　加法混色

即利用色光的混色。光的三原色为红（R）绿（G）蓝（B）。将复数色光照射在同一地方混色显得明亮，将光的三原色以适当的比例混色就不再显色，而形成白色光。由于是各波长上的能量加起来混色，所以就叫做加法混色。

PC工程、舞台照明等色的表现就是加法混色。

2　减法混色

颜料、染料等就是利用色材混色，色料的三原色为品红（M）、黄（Y）、绿调蓝（C）。越混色反射的光量越少越显昏暗。色料三原色以适

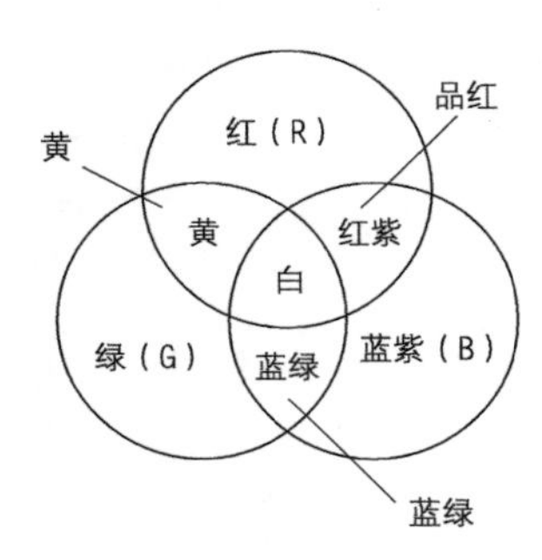

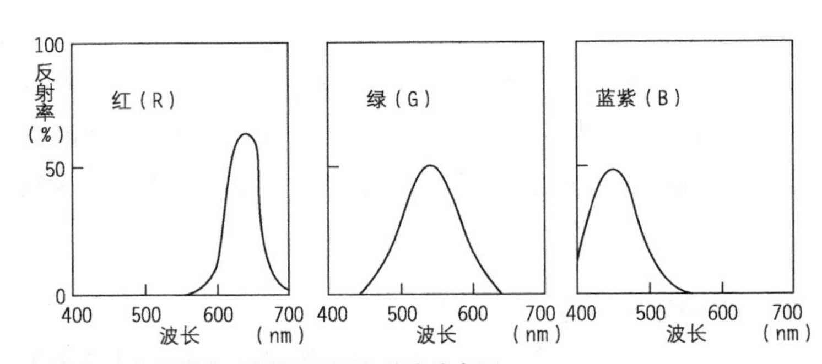

图 6.1　加法混色: 光的三原色与分光分布图

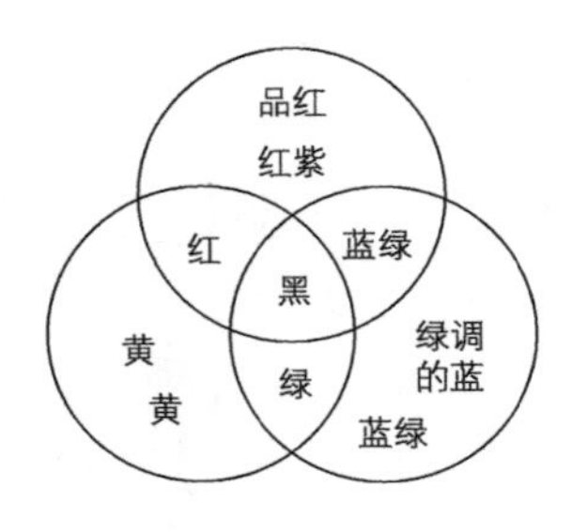

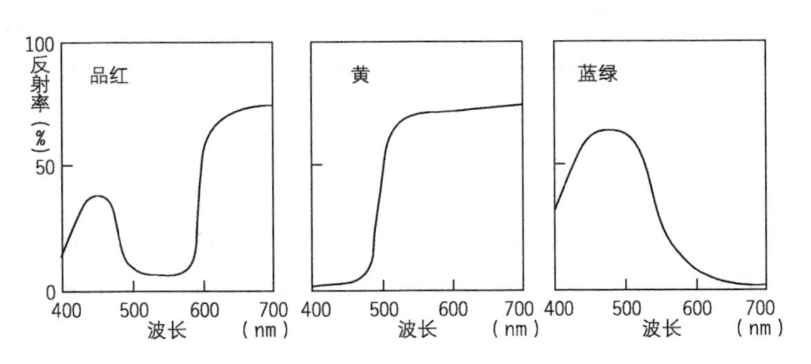

图 6.2　减法混色: 色料三原色与分光分布图

当比例混色时会形成近于纯黑的颜色。因通过吸收能量来混色，所以叫减法混色。

印刷油墨的重叠部分、照片、标志牌及绘画颜料等颜色的表现即减法混色。

3 中间混色

中间混色属于加法混色的一种。

① 平均混色（延时加法混色）

将涂上不同颜色的圆盘像转陀螺一样转动时，在超出眼睛分辨能力的短时间里（快速）混色会变成另一种颜色，而且这种颜色是按照各种颜色的面积比例平均形成，亮度也是平均的。

② 并置混色（并置加法混色）

从远处看挤在一起的很多小色点时，如果粒度小得超出眼睛的空间分辨能力，在无法一一识别其颜色的情况下混色，会形成另外的颜色。因分量比例关系，色相、明度、纯度未必都处于中间状态。

看显像管电视、液晶画面、彩色印刷品时，以乔治·苏拉为代表的描点绘画以及使用不同颜色横线、竖线的编织方式等都是并置混色。

【参考】彩电的颜色再现　有利用荧光体的CRT（显像管）也有利用液晶的显示画面。将难以分辨的一个个红（R）绿（G）蓝（B）三原色小光点的发光强度做些改变，就可以再现颜色，所见到的是通过并置加法混色和正后像的复合效果。

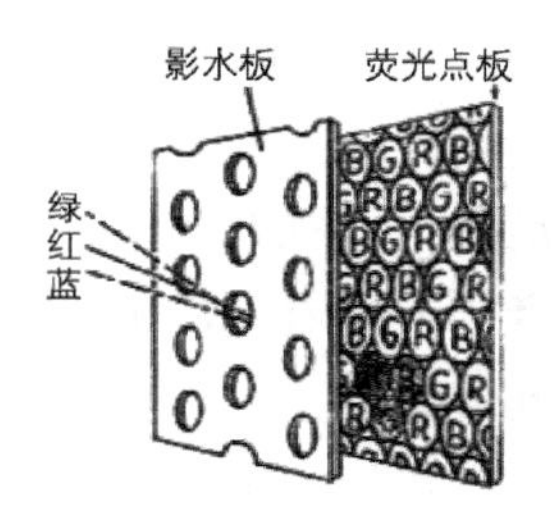

图 6.3　显像管电视机的RGB颗粒

【参考】彩色印刷的颜色再现　在这里所有颜色都用黄、绿调的蓝、品红这三色的混色来表现。首先对彩色原稿分色，制成黄、绿调的蓝、品红的网版。最近改用扫描方式输入原稿，由计算机很简单地就可完成分色处理过程，原理上这三色若全部重叠则形成黑色，而实际上因油墨的特色所决定，并不能再现纯黑。为此，就要再加一色，以遮挡部分为主制成黑版。然后，用黄（Y）、绿调蓝（C）、品红（M）和黑（K）这四色工艺油墨，按各种颜色顺序重叠印刷。

用放大镜观察印刷品时会发现，各种油墨颜色是由微细的颗粒构成的，通过纸的白底和沾有油墨部分的面积比例来表现色的浓淡。各种颜色油墨重叠部分为减法混色。喷墨方式是将油墨微粒喷到纸面上，通过这些油墨面积的改变把颜色再现出来。

这些印刷品的白色部分，即没有沾油墨的印刷用纸的本色，因为油墨通透性较高，纸面的反射光已包括在里面。所以，依印刷用纸洁白程度的不同，所表现出来的颜色也存在微妙差异。

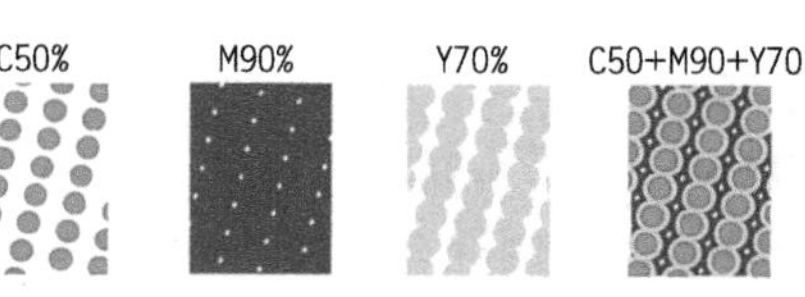

图 6.4　印刷物的CMYK颗粒［彩页P.21］

❷ 颜色的测定

因各人眼睛敏感度存在差异，所以看到的颜色也存在个人差异。因照射到物体的光线的变化、光线照射角度及人的观察角度的变化，我们看到的物体颜色也都会有所不同。工业产品生产现场的颜色管理有严格要求，对于依条件不同会展现不同颜色的产品有严格规定，要在指定的条件下检测眼睛敏感度、光线等，并达到限定标准，测色计就是按照诸多这类条件的严格规定制作出来的。下面依次介绍这些条件要求及所测颜色的表示方法等。

1 测色条件与测色值的标注方法

认识物体颜色要有光源、物体和眼睛，光源包括波长、光量是多少？物体反射多少，反射什么样的波长？眼睛怎样去感受这些？凭借这三者的关系才能认识颜色。

① 标准分光视感效率

各人眼睛的敏感度不同，所以CIE（国际照明委员会）在受检者平均值的基础上设定了标准值，并视其为一个假想的叫做测色标准观测者的人所看到的值。标准分光视感效率就是标准值之一。

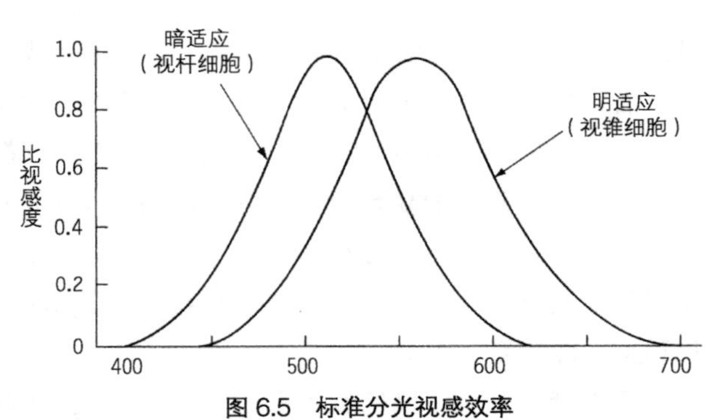

图 6.5 标准分光视感效率

我们的眼睛即使接收了各波长等量的光，因波长的不同看上去也是或明或暗。处在视锥细胞发挥作用的明适应时，555nm（黄绿）附近的光看着最明亮，与此相比波长越长或越短看着越暗，超过780nm 的红外线以及小于380nm的紫外线都看不到，眼睛这种感觉光亮的敏感度其标准值就叫标准分光视感效率。

【参考】 所谓分光指将光所含的各种波长光分为各种单色光（光谱）。

② RGB表色系的等色函数

从原理上讲，所有的光依色光三原色都可以再现出来。为此，当测色标准观测者观察的时候，各波长的色光，最鲜艳的原刺激R（红700nm）、G（绿546.1nm）、B（蓝435.8nm）的光以多大比例混合才能再现与各光谱同色的光，这些已经实现了数据化（据CIE）。

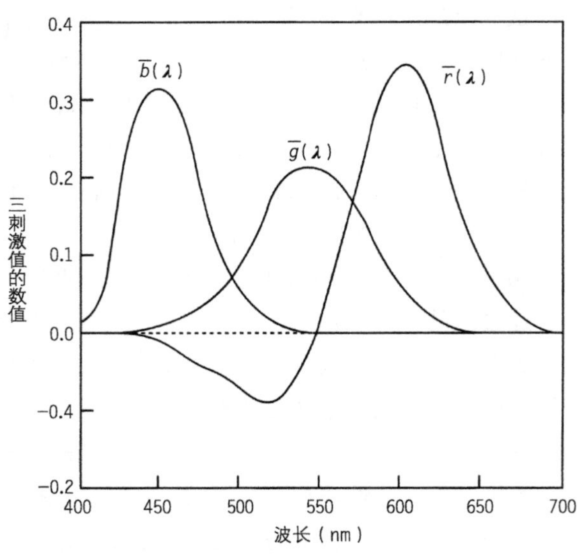

图 6.6 RGB表色系的等色函数

受检者调整RGB各自光量，使其与各光谱色等色，这期间得到的数据就叫等色函数。

③ CIE等色函数

然而，440nm～545nm（鲜艳的蓝绿色）的波长光谱中，即使将G（绿）、B（蓝）的原刺激混合实际上也无法等色（不能再现）。为此首先在蓝绿光谱上混入原刺激R（红）将其淡化（降低纯度），再将G（绿）、B（蓝）的原刺激光混色，使其迎合变淡完成等色。以公式表现就是：蓝绿光谱+Rr=gG+bB（蓝绿光谱上只按r的量加入原刺激R的色光=绿原刺激g的量+蓝原刺激b的量），将公式变换一下，即蓝绿光谱=gG+bB−Rr。

通常情况下，对于将红光视为负往往不理解。就像用正值表示各种波长的等色函数那样，计算上做数值变换，做成假想的原刺激[X]、[Y]、[Z]（X相当于红，Y相当于绿，Z相当于蓝）。用这方法表现出来的就是XYZ表色系的等色函数（CIE等色函数）。

④ 物体颜色的测色

对物体颜色测色时，除眼睛的敏感度之外，还与光源的色（光源分光分布）及物体反射光的光量（分光反射率）有关。照射物体的光以多大波长，多大程度上反射就叫做分光反射率。

光源包含哪些波长、含有多少，其程度就叫分光分布。纳入CIE分光分布所定的基准的光有多种，测色计的光源通常使用标准发光体D_{65}的光（关于光源请参照P.76之第七章“人工光源与色”）

关于将光源的分光分布与来自物体分光反射率复合后的结果，在可视光线380nm～780nm之间每5nm各含有多少[X]、[Y]、[Z]？求[X]的总和、[Y]的总和、[Z]的总和（三刺激值），表示其颜色。这就是XYZ表色系。

⑤ Yxy表色系

XYZ表色系的实用性表现方法即Yxy表色系。

三刺激值Y的分光特性已调整至与标准分光视感效率一致，换言之，即对完全扩散反射面照明时，已做了Y=100的数值变换。所以，可以从Y值中读取绿（G）的量与明亮度（视感反射率%）这两个信息。结果表明Y值越大视感反射率越高，颜色越明亮。

【参考】 完全扩散反射面指所有入射光都能均等地向各方向反射这样一种理想的（假想的）白色。

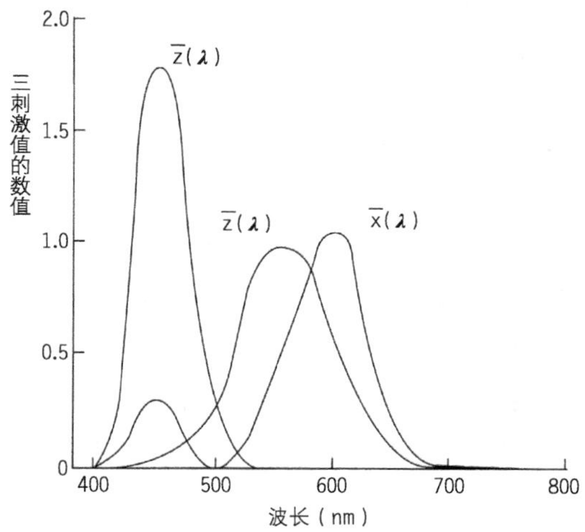

图 6.7 XYZ表色系的等色函数

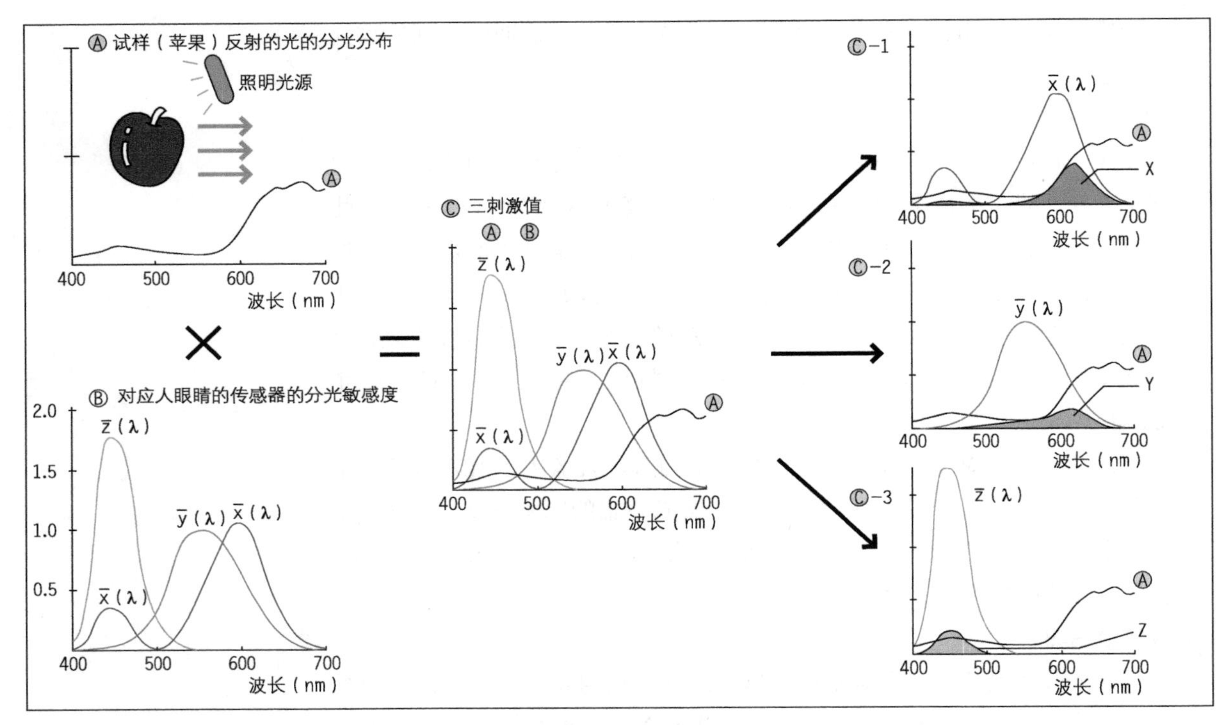

图 6.8 测定色彩时三刺激值求解方法的原理

（《话说颜色》柯尼卡美能达读解公司发行）［彩页P.20］

将三刺激值XYZ各分量用比值来表现的X值和Y值，用色度坐标表示出来，此色度图可用来表示颜色趋势。

$$X=\frac{X}{X+Y+Z} \qquad Y=\frac{Y}{X+Y+Z}$$

高度1的正三角形X+Y+Z=1

已知Z=1−X−Y，所以Z值在表示颜色中可以省略。

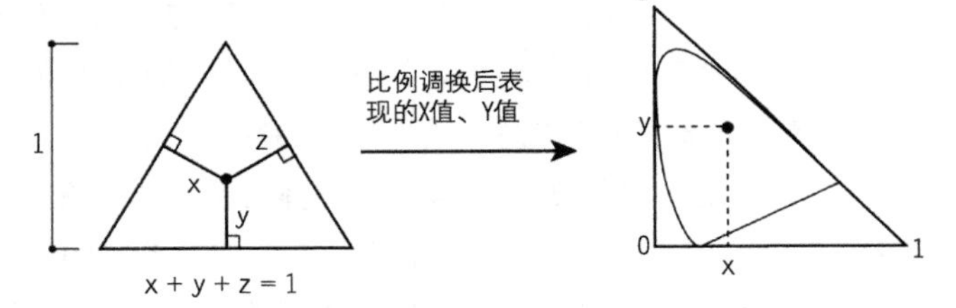

图 6.9 色度图的制作概念

⑥ 色度图的读取方法

以X的比率为横轴，以Y的比率为纵轴，这样表现出来的就是色度图。

坐标中舌形图表示其边缘以外部分为不能再分解的光谱（单色光）。X值大向红色方面增加；Y值大则向绿色方面增加。Z相当于距530～700nm斜边的间隔，所以它的值越小越接近黄色。纯紫色轨迹光谱上没有，它属于可视光谱两端的红与紫经加法混色形成的色。

色度图只用色相和纯度两个要素来表现，所以便于掌握相对的位置关系。

测色举例：测色计依机种的不同可变换显示各种表色系的测色值。比如，孟塞尔表色系的2.5R4.2/11.5（苹果红），在Yyx表色系中就成了Y13.37、x0.4832、y0.3045。色度图上x0.4832与y0.3045的交点（图6.10（A））就是此苹果的色度，其反射率为13.37%。

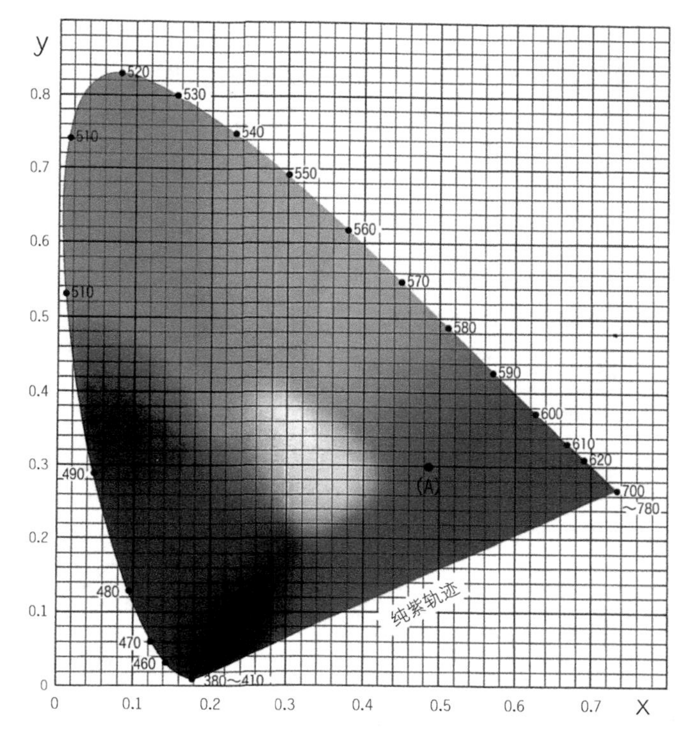

图 6.10 XYZ表色系的色度图（资料提供：柯尼卡美能达读解公司 [彩页P.20]

2 使用测色计的测色方法

① 测色计

测色计有分光测色和刺激值直读两种方法。

使用分光测色法的测色计可在380～780nm的范围内，测定每5nm的各波长的强弱。分光测色计的内置功能中存有除标准发光体D65 以外的照明光源数据，可依需要进行必要的换算，还可以对因照明光不同造成的差异作比较。

使用刺激值直读法的测色计，无须分光就可以直接求出三刺激值X、Y、Z，所以不能对各波长作比较。由于可直接求出三刺激值X、Y、Z，测色计内置的照明光源特性就要与标准发光体D_{65}一致，接受其反射光的受光器特性与等色函数也要一致。

另外，用测色计测色时，CIE、JIS都规定有“照明及受光的几何学条件”，对内置光源在待测物体表面的入射角及传感器的受光角度都有相应规定。

图 6.11 色彩计
（产品名：分光测色计 CM-700d，资料提供：柯尼卡美能达读解公司）[彩页P.21]

② 荧光色的测色方法

荧光是照射到物体的光以超出应有波长的长波放射出去的现象。多数情况下荧光体通过紫外线励磁，产生各种颜色的可视光域的光谱。为此，为了对荧光色分光测色就要用含有紫外域的平均昼间光即标准发光体D_{65}照明，将不依存于荧光的反射光成分与荧光成分分开测色，计算三种刺激值。

③ **金属的测色方法**

彩板不锈钢、珍珠云母等涂料有光泽。对受干涉会改变颜色的物体测色时，要变换入射角、受光角，在复数的几何学条件下，配合变角光度计进行测定。

3 色差

工业产品的生产在颜色管理上有严格要求，所以就必须设法表现出基准色与再现色的色误差程度。再现色的色相、明度、纯度相对于基准色产生的偏移就是色差。可见将色差在视觉上形象化地表现十分必要。

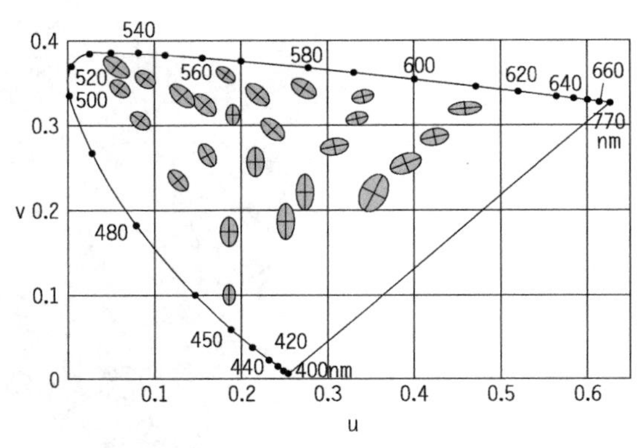

图 6.12 Mac Adam的均等色度图

① **CIE LUV表色系**

色度图上面的两种颜色的位置即使距离差相同，由色领域造成的观察上的差异程度也不一样。首先处在两种颜色色度距离相等的情况下，为了让这些色觉差相同，已对色度图做了调整变换。这就是均等色度图（色度图的红色区域较宽绿色区域较窄）。

色度图只表现色相、纯度，所以下面就把各明亮的均等色度图重叠成一个立体空间。这时，从白到黑排列的色卡让人感觉明度差相同，与其反射率Y%的关系已经量化（也叫明度函数）。这样就完成了包括明度在内的知觉上的等色差性均等的色空间（均等色空间）。然后，利用它把色度图上的两色距离以色差方式表示出来，这就是CIE LUV表色系。

测过色的数值L*为明度，u*、v*表示均等色度图上的色度坐标。在加法混色可以成立的领域，论及较大色差时有效，在光源、照明及彩色电视机等方面有应用。

② **CIE LAB表色系**

变换XYZ，制作一个近似表现孟塞尔三属性的均等色空间（LAB均等色空间），该色空间上的距离用色差表示，就是CIE LAB表色系。明度用L*，色度用a*、b*表示。这种表色系在论及较小色差时有效，适于表示物体颜色，工业产品的生产、印染等方面有很广泛的应用领域。

LAB均等色空间上的色差与孟塞尔表色系的色空间（心理量）的色相、明度、纯度对应起来的量就叫心理度量量。L*的度量明度最大值为100。这相当于孟塞尔明度的几乎10倍的值。

色度a*、b*表示色相和纯度，a*表示红色方向，–a*为绿色方向。b*为黄色方向，–b*为蓝色方向。随着数值的增大色彩也更鲜艳，到中心就变为了低纯度。可分辨的色差0.3 ~ 0.6，用于表示工业产品上的色差允许范围。

测色举例：孟塞尔表色系上的2.5R4.2/11.5（苹果色），在LAB表色系

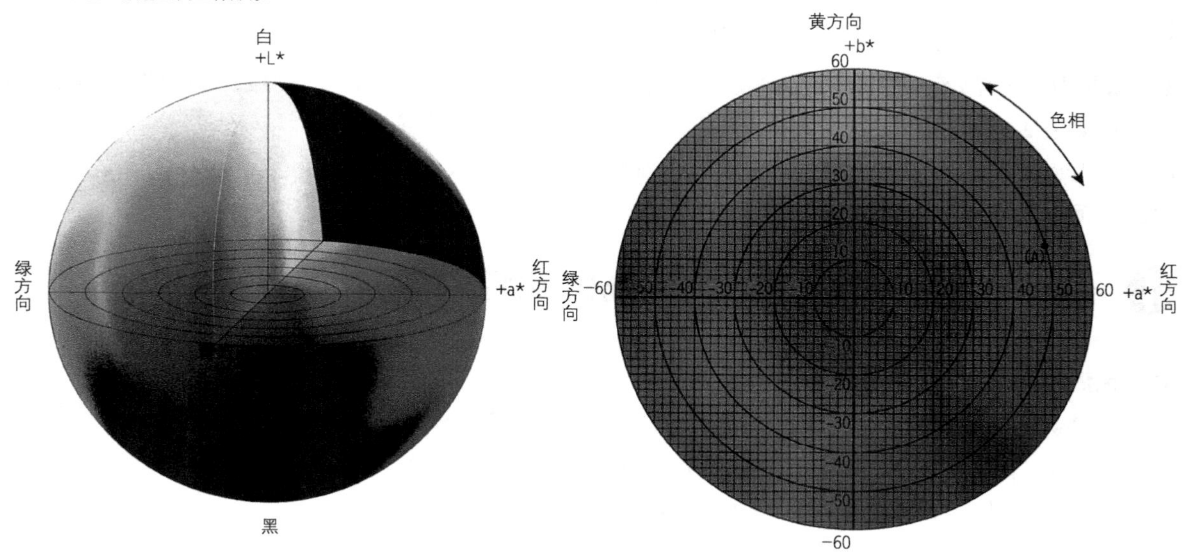

图 6.13　LAB表色系图（资料提供：柯尼卡美能达读解公司）[彩页P.21]

中表示为L43.31、a+47.63、b+14.12（图6.13）。

4　以自然光观察颜色的条件

在对工业产品等开展颜色管理过程中，一边对照JIS标准色卡、色样本，一边与自然光（太阳光）下眼睛所见到的颜色做比较时，要符合JIS标准中“表面色的视觉比较方法”制定的如下条件：日出3小时后至日落3小时前的北侧天空昼间光（避开直射阳光的北侧窗口的天空光），而且要在不受周围建筑物、房间内装修等环境色的影响的状态下进行。

第7章　人工光源与颜色

日常生活中人们处在夜间照明条件下的活动时间也很长，在这种时候进行室内装修配色，与白天的自然光不同，因此要充分把握人工照明的特性，下面的说明包括测色用的光源。

❶ ——————光的颜色表示方法

1　色温

色温就是对色光颜色趋势给以定量表达的一个尺度，这个词汇并不是颜色的温度，而是用来表述黑体在某温度状态时所发出的光的颜色。

所谓黑体是一种假想的可吸收包括红外线在内的所有光线的物体。黑体一经加热便随着红外线一同发出可视光线，其温度与光色之间存在一定关联。黑体在可视光域发出的光色所呈的颜色与金属物质（钨、铂、铁等）受热后发出光色所呈的颜色基本相同。发光的颜色趋势与当时金属的温度密切相关。

金属如持续受热，随着温度的升高光色所带的颜色也逐渐变化。从低温时的红光（1700℃）经黄红色、黄色向白色（5000℃）发展，进一步升高温度就会向蓝白光转变。黑体不发出红外线时温度为-273℃（绝对温度的0度），所以，光所带的颜色以绝对温度K（Kelvin）来表示，这就是色温。色温低时光偏红色，色温高则变为蓝白光色。

蜡烛光所带的颜色约1900K，白炽灯泡约2800K，晴朗天空约6000～6500K，碧空如洗时约11000～20000K。

所谓发光体指相对分光分布所规定的测色用光，不必追究它能不能作为实在的光存在，只是一种理论概念上的光。JIS规定有如下种类。

- 标准发光体A

  以普通照明用钨丝灯的光为代表，色温2856K。

- 标准发光体D_{65}

  以包括紫外线的平均昼间光为代表，色温6500K。

其他作为补充还有辅助标准发光体D_{50}（色温5000K）、辅助标准发光体D_{55}（色温5500K）、辅助标准发光体D_{75}（色温7500K）以及辅助标准发光体C（色温6800K）。辅助标准发光体C与来自北窗的昼间光相当，是紫外线领域相对分光分布较少的发光体。

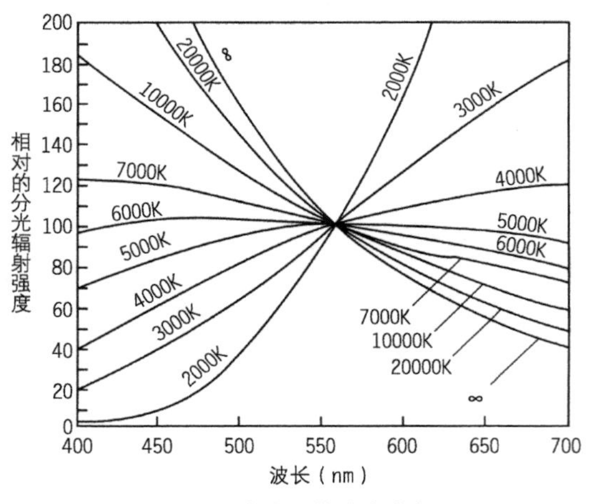

图7.1　各色温的分光分布

【参考】 相对分光分布是以最大值为100、特定波长的分光分布值为100，以相对值来表示的每种波长各自的含量。

达到了标准发光体的人工光源叫做标准光源。达到标准发光体A的标准光源是色温为2856K并加入了保护气体的钨丝线圈灯泡。钨丝灯泡（白炽灯）很早以前就存在，是夜间人工光源的典型代表。标准发光体D65的标准光源尚未实现，但一种作为与其类似的常用光源如氙气灯标准白色光源以及常用光源的荧光灯D_{65}等都可以代替昼间的自然光。

❷ 演色

1 演色性

自然光所含各波长的光平滑连续地分布。我们看东西时，太阳光下看到的颜色是自然色或者说是作为普通色捕捉到的。但是，人工光源，比如在蓝色灯的下面，草莓会呈暗紫色。各种人工光源依其所含的众多波长以及未含的波长等比例的不同与自然光下所见也各不相同。像这样照明光对观察物体颜色时造成的影响就叫演色，论及其光源特性时就叫演色性。

色温低的白炽灯所含长波较多，所以，反射光必然多呈黄色，看到的东西也带黄色；色温高、类似昼间光的荧光灯短波较多，所以，看到的东西呈蓝白色显得较凉。由于眼睛的适应性和恒常性作用，看上一会儿就与自然光下所见一样了。

实际的生活空间中对形象的评价，往往受第一眼印象的优劣所左右，所以选择室内装修的颜色、装饰品的颜色时，头脑中首先要了解照明对观察颜色的影响。比如，蓝系色多的油画放到白炽灯下面就不引人注意。

2 演色评价值

演色性的优劣由演色评价值来判断。所谓演色评价值即某种光源照明下对物体颜色的知觉与基准光源（作为比较基准用的测色用光）照明时对物体颜色的知觉相比，在多大程度上相符合的数值。代表各种物体的试验色有15种，用基准光源和试验光源为它们照明，其色差的大小用CIE均等色空间做数值化求解。以基准光源的数值为100，那么试验光源越接近100演色性越好。

色温5000K以上、演色评价值90以上的灯，不论什么颜色看上去都均衡而准确。用于演色性评价的基准光源，随着试验光源色温的高低而不同，所以，对不同色温的灯比较演色评价值时无法判断优劣。比如，白炽灯（2800K）与自然光（6500K）都是基准光源的色温，其数值都是100，可是，实际看到的颜色却不同。依灯具造型、结构及使用材料等的不同，灯的演色性也有很大区别。

光线中靠近555nm（黄绿）的波长越多，眼睛看着越感觉明亮，越接近自然光的分光分布，越感觉自然（演色性好）。所以，把带有红、绿、蓝发光光谱的荧光体组合起来，亮度和演色性可同时得到改善的是三种波长的荧光灯。

3 条件等色

用同样色材着色的一类物体，在任一种光源下任选其中两个看上去都是同样的颜色。但是，比如将单色的橙色与用红、黄两种色材混色得到的橙色放到一起时，虽然在某光源下看上去颜色一样，可是由于分光反射率不同，在其他光源下就会呈现不同的颜色。这就叫条件等色（metamerism）。

把不同工厂制作的一类部件组合起来，或按照旧部件的颜色制作新部件，而且有时要通过目视比照进行产品的颜色管理时，为减少目视的颜色误差应规定使用同样色材等条件要求。

3 照明灯具的种类

照明的设计不仅限于室内装修，外观、道路、公园等照明设计都要将照射方向、照度（单位lx：勒克斯）、色温、演色性等考虑在内。照明灯具及其配光在制约颜色效果的同时，还很大程度上影响着立体感和表面质地效果。

1 人工光源的分类

人工光源可分为白炽和辐射两种类型。

白炽是将灯丝高温烧热，通过其热辐射发出可视光线的光源。钨丝灯泡（白炽灯）还可以将卤族元素封入灯泡里面，以求延长使用寿命，汽车前大灯就是卤素灯泡。

所谓辐射指通过置于气体中的电极放电，无须发热即可辐射出可视光线的光源。辐射又分为低压放电和高压放电两种，一般荧光灯为低压放电，高压放电称作HID灯（高辉度放电灯），包括高压水银灯、卤化金属灯、高压钠灯、氙灯等。

表7.1

光色	相关色温（K）
昼间光色（D日光）	约6500
昼间白色（N非彩色）	约5000
白色（W白色）	约4200
暖白色（WW暖白色）	约3500
灯泡色（L灯）	约2800

2 按灯的光色分类

荧光灯按光色（相关色温），在JIS标准中分为5类。

【参考】 所谓相关色温指当试验光源与黑体的发光色不能完全一致时，显示的是用近似于绝对温度所表现的信息。照明用光源通常省略了这些信息而表示色温。

从实用上来讲，灯泡色的荧光灯可发出与白炽灯同样的柔和光，营造恬静的气氛，又具有一定的经济性。这种色温低的光可抑制交感神经的活动，缓解压力，放松情绪，给人以安稳感觉。

而与白天太阳光类似的昼间白色荧光灯是一种清爽的白色光，烘托动感的氛围。而且使空间均匀明亮，凸显灯具寿命长、经济耐用的特点。

照度与色温的关系。色温随照度的降低而减少，令人感觉自然。较暗的蓝白光让人觉得压抑。

色温在3000～4000K的灯看上去具有原色、成长色那种美感，所以，多为服装店、超市等场所采用。

3 按灯的演色性分类

荧光灯按演色性也有JIS标准的分类。从灯上标注的内容即可了解如下信息。

表7.2

演色A（DL高档）	昼间白色N–DL　　灯泡色L–DL
演色AA（SDL超高档）	昼间光色D–SDL　　昼间白色N–SDL 白色 W–SDL　　暖白色WW–SDL
演色AAA（EDL特级）	昼间光色 D–EDL　　昼间白色 N–EDL 灯泡色 L–ED

4 日式照明的魅力

现代人生活夜里很晚仍灯火通明，往往会打乱人的生物节奏，形成精神压力。稍暗一些的影子、反差很小的空间可增强放松效果。日式照明的魅力就在于它的放松作用，能使人安静下来。如果从消除疲劳的角度来看，京都街头的日式照明，其特征包括如下很多方面。

■京都夜色中可见到的日式照明的特征

- 灯泡色的灯光（色温较低的灯光）非常适宜。
- 不耀眼的光（无强光）为适宜。
- 低照度、阴影反差小的柔和配光为适宜。
- 从远处看不清整体，只能看清房屋一层房檐下至落脚处以及行人接近的位置这种照明为适宜（以人为标准的尺度）。

• 小巷里散布若干地面灯，反复的节奏带动人的情绪，有很好的诱导作用。这些均采用小型、同一形状的照明灯具，每个都选择小照度。

• 照明器材的样式也以日式为适宜。形似大正时代的房檐灯、六角纸灯、灯笼等形状模仿得更好，将日式形象升华得更加洗练，外形设计具有现代魅力。

• 石、布、竹、和纸等发挥素材上的优势，使得灯具更适宜。

• 晚上用的灯具器材形体不要设计得太大，免得白天这些照明器材遮挡视线，根据使用场所设法不让灯具外露为宜。

• 经照明器材表现出来的背景上如果有格子、竹篱、板墙、石墙、日式盆栽、护墙弯竹栅栏、庭院点景石等就更增强了日式情调。而通过对这些背景的照明又可以产生明快的形象效果。

• 光亮照射出来的不是远观的眺望型，置身于柔和的光线之下，沉浸在迷人氛围之中才是它真正的魅力所在。

• 透过屏风、暖帘等，由室内向外发出的“漏光”的存在可凸显日式形象风格。变换视点，从安全方面考虑如果有漏光还可以减少外部照明，尽管程度有限但总不至于造成妨碍。

• 房檐上的箱形招牌（内照明方式）白底黑字，外框也是黑色就像显示屏一样。尺寸要小一些，收到房檐里面。箱形的外形缺乏魅力，可是小巷里又很常见，倒是给人一种整齐划一的感觉（其不足在于缺少华丽、动感）。

• 店铺传统的橱窗效果是地道的京都风格。面积小的窗口使用插花等招徕客人，这是由日本美凝缩出来的空间魅力。

• “光芒耀眼不适合京都”，“京都应采用月光一样的照明”常听到这类意见。暗反而是观光都市——京都的魅力之一。

一般昏暗的夜间街道，借门灯、室内的漏光、门面的招牌等感觉上都可以达到2勒克斯的照度，给人以安全感。如果不到1勒克斯，一个人步行就有些担心了。

II 色彩设计实践

实践性的色彩基础在第一部中已经学习过了，下面就这些内容的具体使用再进一步深入学习。

第8章　室内装修的配色

配色还有色彩设计、色彩规划、配色方案（Color Scheme）等多种叫法，目前尚未统一。室内装修的配色并不仅限于色彩，材质、表面纹理以及样式等都要考虑，应综合起来进行设计。

❶ 配色的必要性及效果

住宅、办公室、工厂、店铺等，装修的对象多种多样。

装修的配色可充分发挥色彩功能及色彩心理作用，达到如下效果。

① 住 宅

由于日常社会生活中的疲劳、精神压力，人们都想把自己家当作一个充分休息的场所。使用自然色彩可以稳定情绪，达到放松的效果。

还具有供家人团聚、烘托幸福氛围的作用。选择色彩时应发挥自然素材质感的作用，增进协调、温馨的感觉。

自己的家可用来休息，同时，还是实现个人满足感的地方。是发挥自由、个性色彩，体现无穷个人乐趣的场所，招待来客时还可以展示个人成就感。

② 公共住宅

玄关、走廊、电梯间、楼梯等共有区域的美化可给人更多舒心的感受，让人觉得上档次而又亲近。

标志类在增强引导作用的同时，还可以发挥空间突出点的装饰效果。

③ 办公室、写字楼

明亮、清爽地美化可增进工作欲望，培养职场荣耀感。

引导个性的发挥，提升公司形象，给来客留下好印象。

标志类、装饰品等使用突出色可以为单调的空间带来新变化。

④ 工 厂

装饰文字使用醒目颜色或用同样颜色统一起来，这类极端偏色的方法易造成疲劳应予避免。均衡配色可减轻用眼疲劳。

有计划地使用颜色，经整理整顿可形成统一感，营造秩序。

充分利用视觉性、注目性可提高安全保障和工作效率。

机器位置、地面的通道划分等系统地按颜色区分，既通俗易懂，又有美化作用。

机器、墙壁、墙柱等用亮色可提高反射率，照明效果也可得到提高。

在高温或低温厂房里合理利用好颜色的温度感可以调节体感温度。

促进清扫意识，增强工作欲望，培养职场荣誉感，给来客留下好印象，进一步促进公司公关。

⑤ **店铺、商厦**

朝气、明快、华丽、厚重、典雅等，可依店铺种类强调其形象。

凭其注目性可唤起对店铺的兴趣。

开创个性空间，促进店铺魅力、给顾客以满足感。

零售店用来展示商品，饮食店用来增进顾客食欲，从而提高销售额。

标志物上的用色在提高引导效果的同时，还易于把握空间位置。

以上这些色彩的效果是复合作用，可归纳成如下几方面，不仅室内装修，外观也同样适用。

❶建立秩序：强化整理整顿的感觉及美化效果。

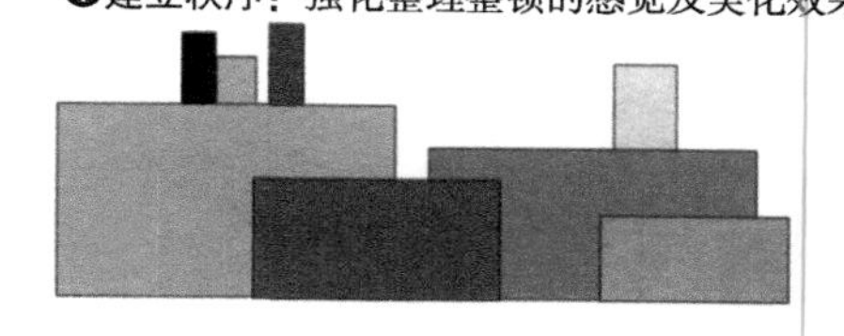

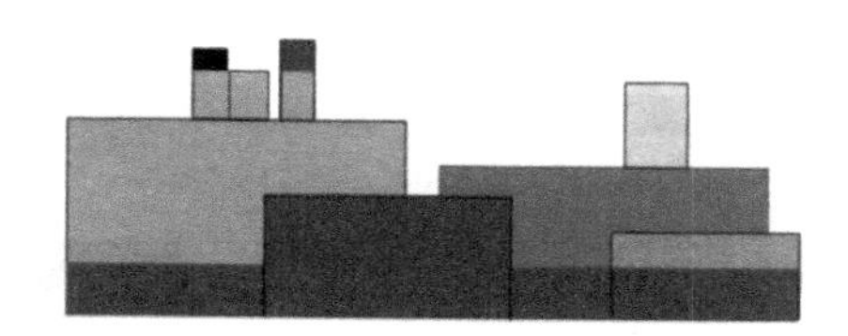

❷增强印象：使广告内容更醒目，增强记忆效果。

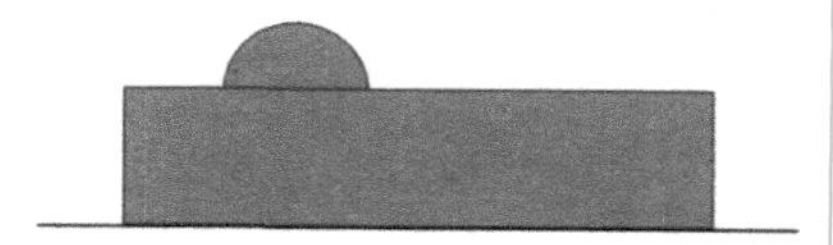

❸诱发个性：脱颖而出，提高记忆效果，引起兴趣。

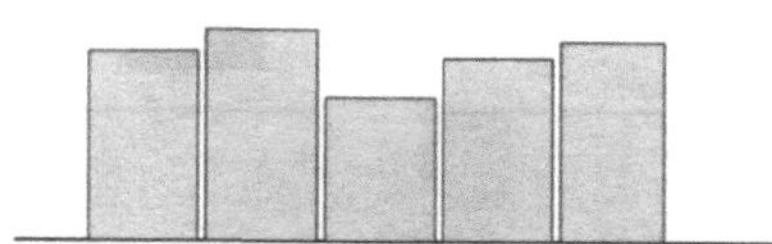

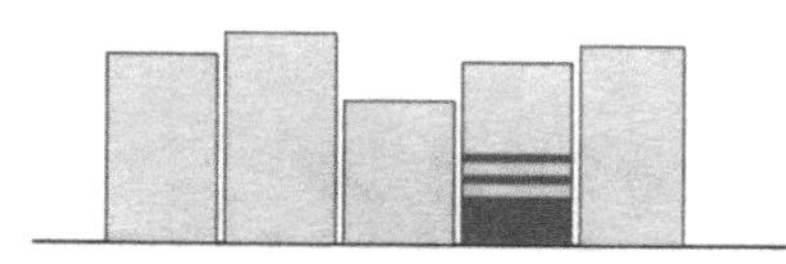

❶使结构一目了然：可看清各部位之间的关系，提高效率，让人放心。

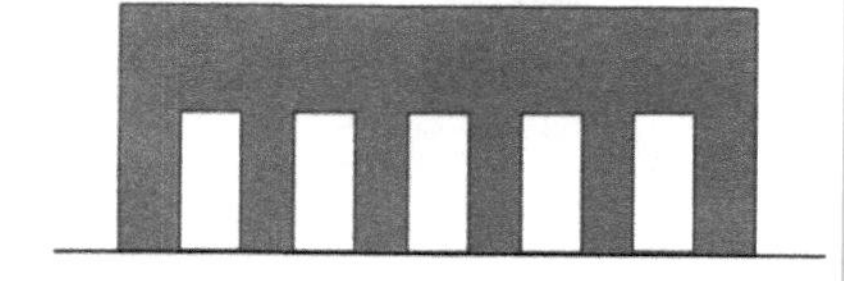

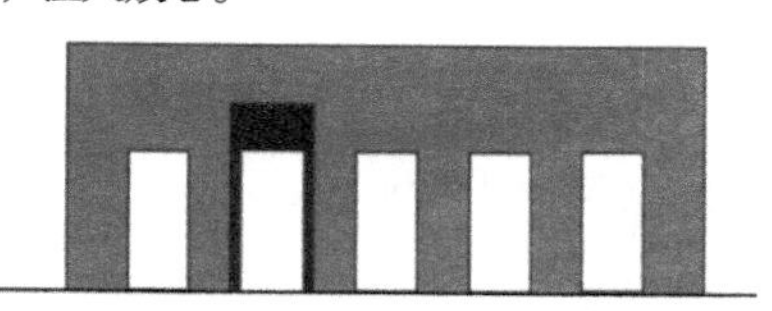

❺明确空间分类：易于判断房间用途。

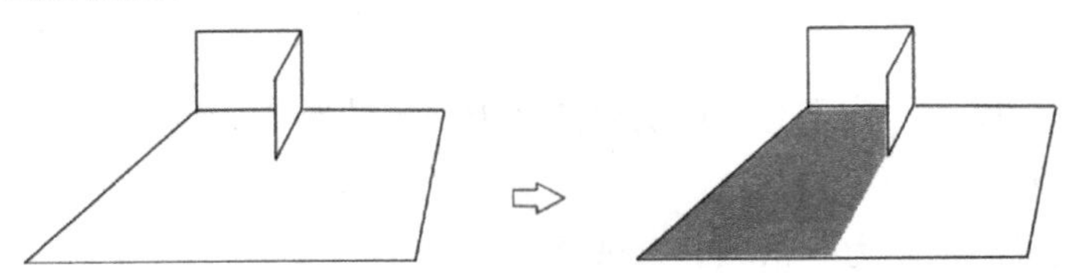

❻明示区域划分：迅速判断安全、危险等状况，提高效率。

❼易于识别方向：强化标志物的作用，提高安全性。

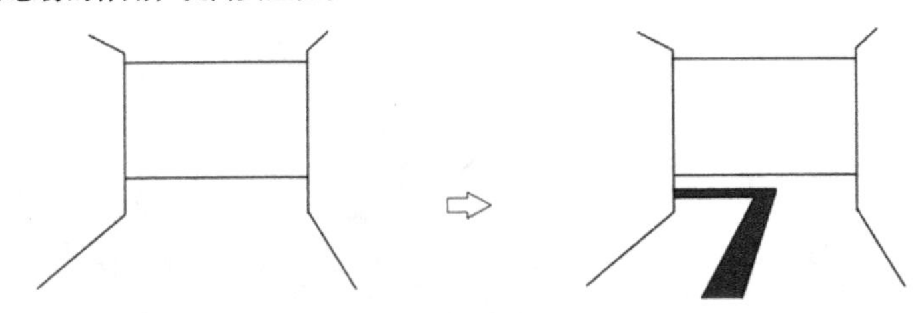

❽强调素材的特性：突出质感特性，加以强调。

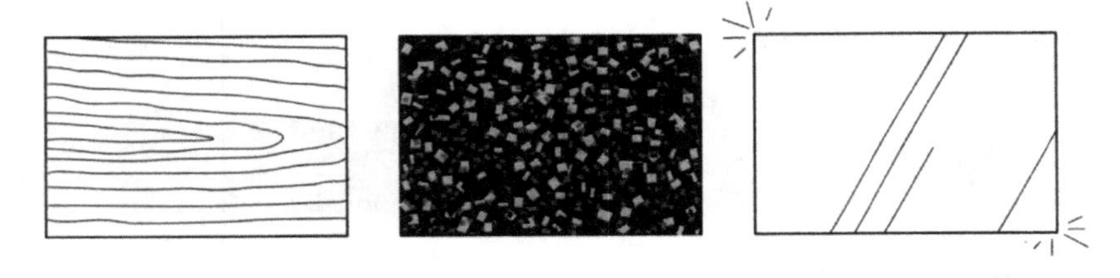

❾明确空间、物体的功能：传递信息的效果，提高安全性。

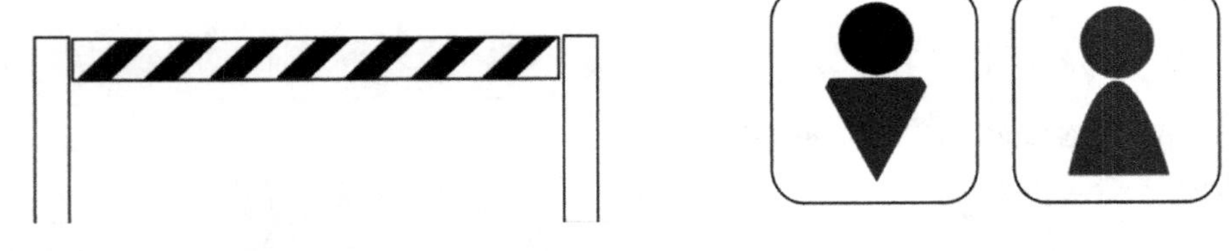

❿调整对温度的感受：提高舒适性，节约空调费。

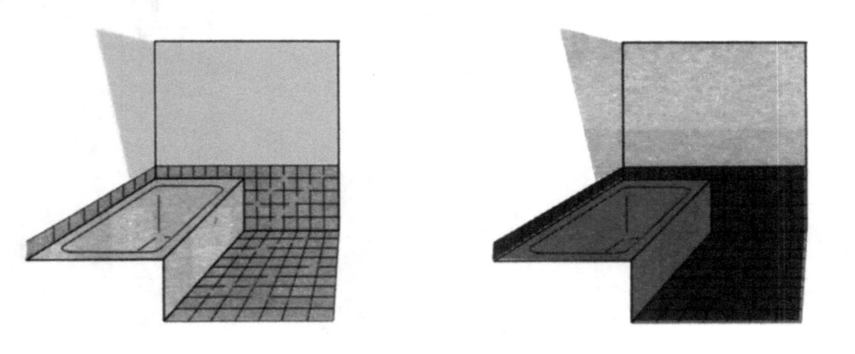

⑪调节情绪状态：令人感到快活、安静，增进满足感，消除疲劳。

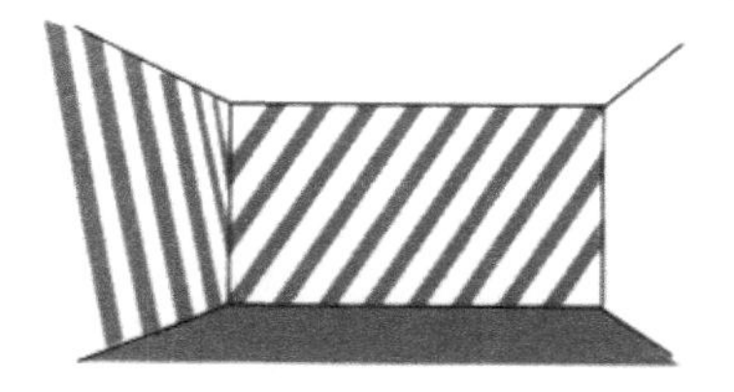

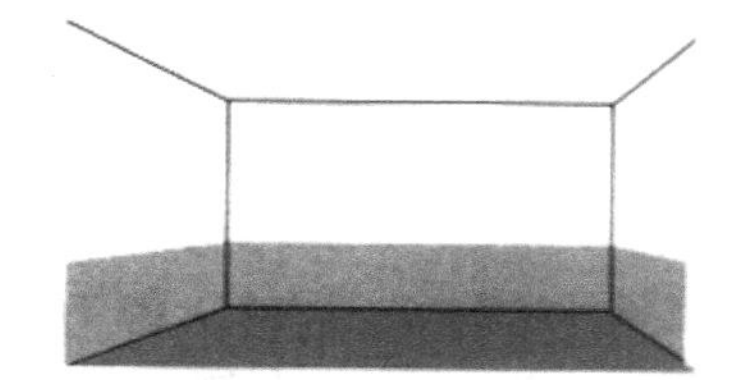

❷ 室内装修形象及配色

为室内装修做配色时，可举出如下一些常用样式的氛围和配色特征。

① 天然的

天然这一方针中含有自然的、朴素的、安逸的形象。发挥土、木、石、砖、陶瓷钵、原木、藤条、棉纸等天然素材、自然色彩的作用，让人感到明快而温馨。木纹、表面凸凹乃至软硬等在配色中都可以发挥天然素材的魅力。

窗口的处理、垂幕窗帘、卷帘、木制或和纸制屏风等，织物类、棉麻等以素色、花草等为主调的图案、底纹、格纹等。油画也要镶在光滑的木制外框中。

配色的特征是选择中低纯度，乳白色、原色、黄褐色、棕色等暖色调。更进一步强调暖色时也叫暖天然色。

家具类的形状特征有田园型或北欧家具那种形状自然的代表性样式。法国南方普罗旺斯情调的室内装修，也是以当地的石灰岩、红砖、陶板瓷砖以及陶器等由天然素材配以清爽的气候所调制出来的氛围作为基础。

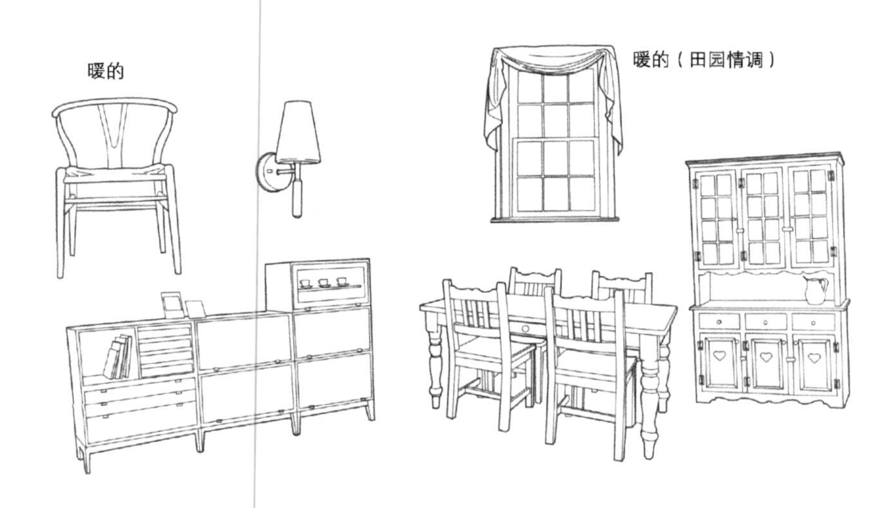

② 休闲的

自由、开放的氛围中含有充满朝气而不拘谨，一派生机而又悠然自得这种快乐形象。

素材与天然材料是通用的，加上反差和突出重点，即可引发勃勃生机。而通过织物、时钟、烟灰缸、油画及照片相框等小件物品也可以产生明显效果，但是，过分的装饰往往适得其反，显得杂乱无章，对此应引起注意。

配色的特征在于以暖色为中心，色相、纯度要带着反差去配色。使用多色配色或以灰、蓝、白为主时，更加突出朝气蓬勃的形象。

③ 古典的

古旧的美带有一种回味无穷的感觉。包括装饰的、豪华的，恬静的，厚重而又富于传统等形象。

文艺复兴、巴洛克、洛可可等风格使用欧洲古典的完美样式的家具，那种氛围让人感觉既有品位又上档次，文艺复兴样式以对称为基础。“豪华”场合配以传统形象，家具的局部、枝形吊灯及门把手等往往喜欢采用黄金（紫铜、镀金）这类材质。

家具所用的胡桃木、橡木、红木、花梨木等硬质木材上施以色彩协调的饰物，织物选用质地厚重，带有传统图案中的那些花草、条纹，与家具的装饰互相搭配。墙面、顶棚等要装腰线、石膏线，如果再装上墙围气氛就更上一层。窗口的处理采用垂幕窗帘。使用平衡饰窗、装饰缨穗可增强效果，画框应成组集中挂起来。

配色以暖色中的中低纯度（浊色）、中低明度的暗色为主，以三属性的小反差为特征。

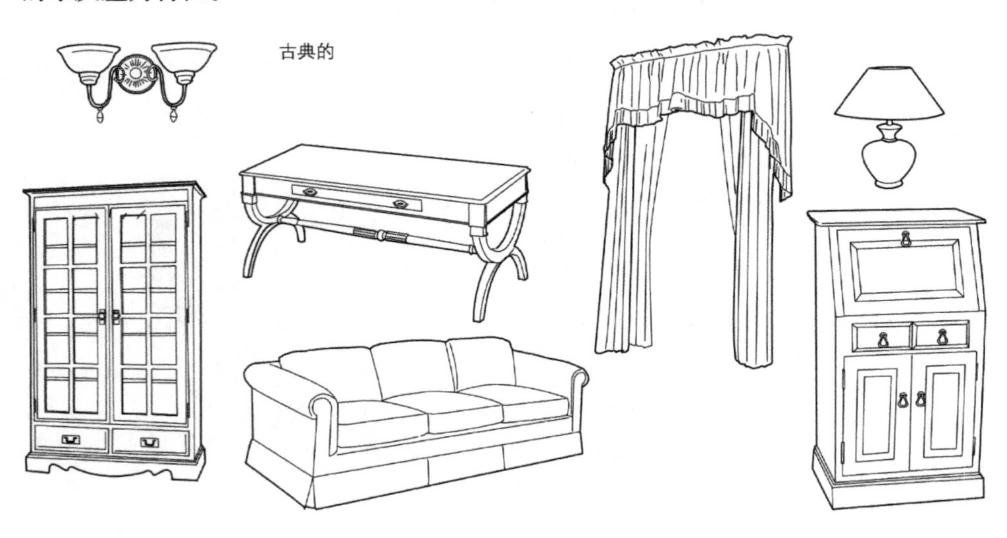

④ **典雅的**

优雅的女性氛围。传统样式中洛可可、路易十六风格，法国沙龙式的稳重和品位。优美的曲线、精雕细刻的椅子、花式和褶皱等都充斥着优雅和高级感。

家具利用曲线做精细的装饰设计。局部饰以黄金或玻璃以求美观协调。窗口的处理采用垂幕窗帘、罗马式遮阳罩等。可以使用平衡饰窗、装饰缨穗，但需要注意不能过于厚重。当然狭小房间可能不适称，但通常情况下，整体上力求自然，灰白色或金黄色小件、画框、照片架等，应有重点地利用这些典雅的配色，镜子、插花也有同样效果。

配色以亮色中的低纯度色为主。用灰白或白色调涂装，以小反差做精细配色。

所谓“浪漫情调”指的是更柔和的甜美，如梦境般的安详氛围。

⑤ **日 式**

日本传统样式。内含沉稳、传统等形象。纯正的日式房间皆为天然素材，所谓“天然”多属特殊处理。以木、土、蔺草、竹、纸等自然素材为主，以水平线、垂直线为基础，经过精细构筑显得很沉稳。

“现代和风”指不拘泥格式的很随意的氛围。突出传统家具的使用也可以引出现代效果。

配色的特征与天然一样，在中～低纯度上，以带暖色调的天然素材为中心配色。

有时也使用红色、群青色等，突出来自天然素材的高纯度色。

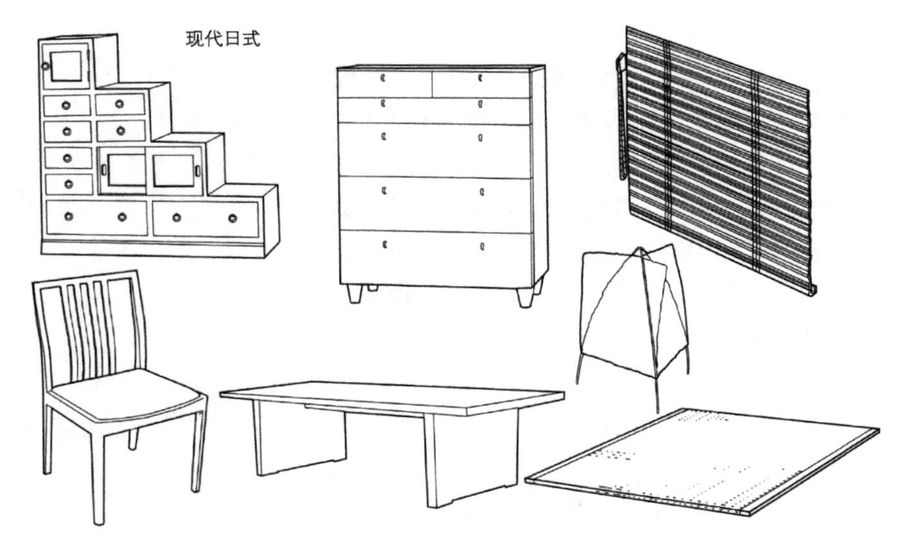

⑥ 现代的

朴素在于功能性；直线条在于锐利性；冷色则带有城市性。比起长时间放松的场所，风度气氛，洗练的空间形象更令人玩味。

大理石、瓷砖、玻璃等具有冷光泽的素材与皮革组合很协调。采用铁、不锈钢等具有功能美感的家具，可淡化家居氛围、产生超然于日常空间之上的效果。意大利、北欧俭约功能家具的设计师把家具作为空间的亮点来使用也不失一种手段。密斯·凡·德·罗·的设计奠定了现代设计的基石，窗口的处理有百叶窗、卷帘等，抽象派等现代风格的画框还体现出间接照明的效果。

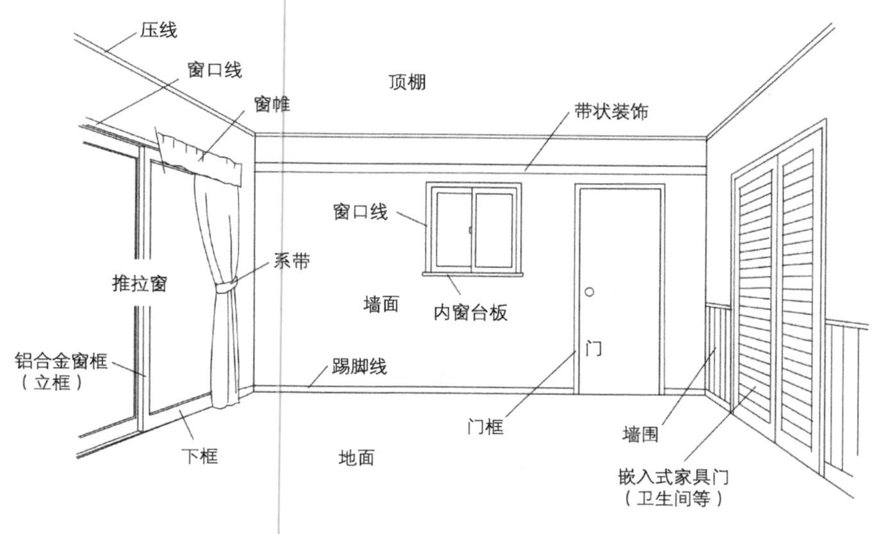

图 8.1　住宅内装修部位名称

强调无机质被称作“冷模式”，而“休闲模式”添加有暖色调、柔和色调。处在冷模式情况下的配色特征，以低纯度色、非彩色（白、黑、灰、银色）为主。

【参考】住宅公司内装修颜色的形象分类　住宅公司在地板用材的颜色上经常按空间形象分类，在暗色、中间、明亮这三个档次上准备地板的颜色。各厂家不尽相同，孟塞尔明度的暗色在3.5～4.5之间，中等在4.5～6之间，明亮在6～7.5之间。暗地板色必然与古典、传统形象对应；中等程度可对应各种形象，比较常用；较明亮的可对应休闲、现代等；木纹清晰的地板如大面积使用可用于强调地面。

【参考】板材的明度　板材素材色的亮度，比如紫檀的心材（明度2.5左右）、花梨木（3.5～4.5）等暗色材，榉木（5.6～6）、柏木、樟木、杉木、枫木（6.5～7）、白桦边材（明度8以上）等有很多种。涂装时用清亮无色漆精涂，此外使用自由颜色着色还可以尽显木纹图案，给人很强烈的从天然状态向人工过渡的感觉，对形象是一种扩展力的表现。

❸ 室内装修配色的步骤

这里从色彩的角度顺序讲几个重点。对于住宅、办公室、工厂、店铺、学校及医院等尽管建筑种类不同，但室内装修配色的步骤基本一样。

◆色彩设计步骤方框图

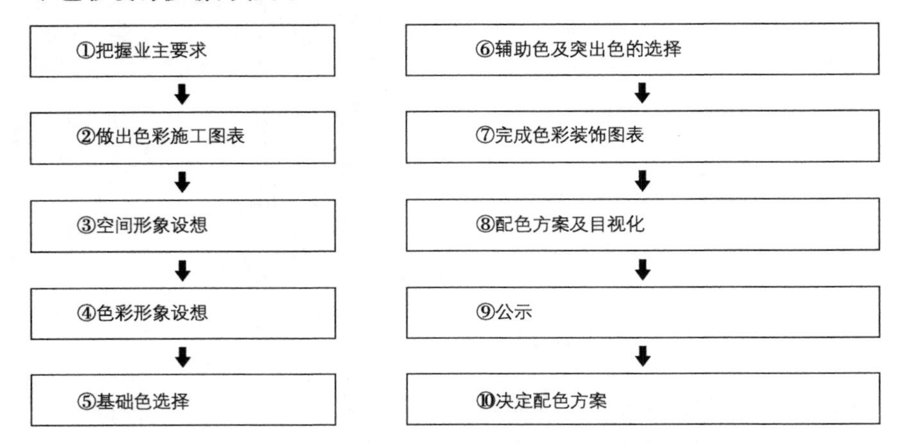

1 把握业主的要求

首先应把作业所需的前提条件明确下来。同时，为了确定目标的空间形象还要了解掌握很多相关信息。

住宅部分，比如家庭结构、子女、父母、祖父母等，同居者的生活方式，各自兴趣、对颜色的好恶、各自所希望的形象、居家时间的长短、来客多少、对将来生活方式变化的预想等。

办公室、工厂、店铺等应了解业务内容、希望、设计范围（部分或全体）、室内平面布置（静物、非静物）、各房间的功能作用、照明方法、照明灯具的多少及安装位置、雇员人数、雇员流动路线、生产线动态、工作时段、业务洽谈及参观来访者的多少。对于店铺方面还需了解顾客年龄层、货品种类及数量等。这些条件都应掌握清楚。

依需要还应索取图纸（配置图、房间分布图、平面图、展开图）、公司简介手册等。

应事先落实有无现场视察、中途洽商及提案的提出方式后，确定承包金额。如已决定承包，还要事先把交工时间等明确转告给委托方。

♫ 要点提示

· 积极与业主、承接方沟通。住宅问题应尽可能地直接听取家庭中各位成员的希望、要求，并注意诚恳、耐心的应对以取得他们的信任。

· 在把握他们各自的兴趣爱好方面，可以把杂志上剪下来的各种室内装修照片提供给他们看，从中自行挑选出比较中意的形象，这样，即使本人表达不清楚也可以充分把握对方所要求的形象，以便于把对方比较模糊的希望整理出来。

· 室内装修配色的工作并非单纯物与色的搭配，还要把业主家人整体的心绪搭配起来，要本着这样的情感着手，让全家高兴，为赢得全家的满足去付诸努力是最重要的。

2 制作色彩施工图表

必须选定颜色的房间、地面、墙面、顶棚、门、踢脚板、石膏线、窗框等部位要以书面形式列出一览表，这就相当于建筑规格书。有了这个一览表确定颜色时才不会有遗漏，同样颜色的部位也一目了然，方便于准备工作。

每个房间都要整理出来，住宅方面还要考虑嵌入墙体的家具、厨房、浴盆等，此外，还有竣工后进入的沙发、桌子、窗帘等项目同样也要做记载为宜。

色彩施工图表

	起居室	厨房	寝室	走廊
顶棚				
墙面				
踢脚板				
地面				
门				

图 8.2 色彩施工图表

♫ 要点提示

· 色彩施工图表按部位顺序填写，位于上方的顶棚填在上面，地面填在下面，这样按照实物上下位置顺序填写就很容易分清颜色的相邻关系了。

3 空间形象设想

各种前提条件综合起来研究，哪种形象的装修可取？或者说该选定哪种形象呢？这就要把目标氛围的类型确定下来，这是基本概念（基本思路的方向性）。

考虑空间的阔度、方位、采光等问题的同时，还要设想天然的、休闲的等形象，或田园情调、南欧风等样式。不能一头扎进具体颜色，而是首先将整体形象明确下来。

落实家庭成员的生活方式和要求之后再着手设置。为了形成一家人的统一感，要注意每个房间的颜色、样式，不要区别太大。既维持一家人的统一感和共性，又满足房间的功能，应赋予若干变化为宜。

依房间功能的不同，要求的形象也不一样。比如住宅方面，玄关要格调高、明亮；起居室要安逸、和谐、闲适、温暖；寝室要安逸、恬静。社交性家庭的厨房、餐厅应围绕家庭聚会这一主项，清洁与整理整顿之外，明快和谐也是一大要素。

办公室方面，入口门厅、工作室、接待室、会客室、食堂等要具有符合空间功能的氛围。而工厂则优先考虑安全性、功能性，对工人来说，那里是他们要度过一天中大部分时间的场所，考虑这一点就应该努力提高舒适性。

店铺方面，按经营的商品、顾客年龄层及性别、商品价位等设定店内的形象。饮食店与零售店等不同，为便于预设概念，有时需要另行开展市场调查。

♫ 要点提示

- 委托方已拿出希望的形象时基本概念就成形了。为了公示时间地点不出现大的变更，在预设概念阶段要取得委托方的认可。依需要随时与相关人洽商，这对于作业的进展十分重要。
- 概念明确以后，为了节省工时就没必要再做多种设计方案了。

4 色彩形象设想

在表现已想好的空间形象时，应在心里描绘好与其适称的整体色调。是明亮的浅色调，还是暗灰的沉稳色调？是暖色系还是冷色系？大反差还是小反差等，形象决定好之后，往往就该决定最终的色相了。比如褐色系适合，还是粉红色系、米黄色系适合？等等，主体色设定好才便于选色作业的开始。

♫ 要点提示

- 配色经验不足时，在考虑各种颜色之前头脑中应该有一个整体色调形象（主体色），这样既少走弯路又便于整理。

5 基础色选择

构成房间轮廓的较大面积，其颜色就成了基调，并左右着房间的整体形象。这里的选色对地面、墙面、嵌入式家具等突出安排在面积较大的部位进行。搬入家具以后立刻就热闹起来了，所以，基础色要谨慎用色。

沿着“明亮的浅色调”、“褐系色”等色彩形象，综合考虑素材以及在制品颜色等诸项条件，从适宜的色卡中选出包含具体基础色（基调色）的备选颜色。

♫ 要点提示

- 事先准备好平时常用的商品样本及色卡，从中选出的备用颜色应尽量靠近实物样品。样本上的印刷色往往与实物存在较大色误差，为此，最终确认应以实物样品为准。

6 辅助色及突出色的选择

按基础色选择辅助色（副基调色）及突出色（强调色）。

辅助色应与基础色色相、色调类似，色相可适度变化但不要过分加大，以便于如实整理。突出色（强调色）的色相、色调如变化太大会增加空间紧张感，所谓调和就是“统一与变化的平衡”。

表8.1

基础色（大面积的颜色）	整体的基调。地面、墙面、顶棚、嵌入式家具等。
辅助色（中面积的颜色）	与基础色协调变化的特征颜色，沙发、墙围、隔扇、拉门等及其他的窗帘、床罩、碎布垫等，应随情绪、季节更换。
突出色（小面积的颜色）	对于基础色、辅助色带来的整体秩序感而言，将形成约束全局、造成视觉重点的颜色。油画、照片、剧照、挂毯、装饰挂件、台灯、沙发垫、赏叶植物等，应对照房间的大小、形象，考虑用品的大小、数量平衡设置。在休闲性室内装修中沙发就成了突出点。

①设定整体形象的色调

比如，选柔和温暖的形象。达到这种效果要以软、淡灰色调为基础，反差要小，头脑中应描绘这样一种整体色调。

②具体颜色的确定

通常从构成房间轮廓的地面、墙面、顶棚等部位的较大面积（基础色）上开始，顺序决定具体颜色。

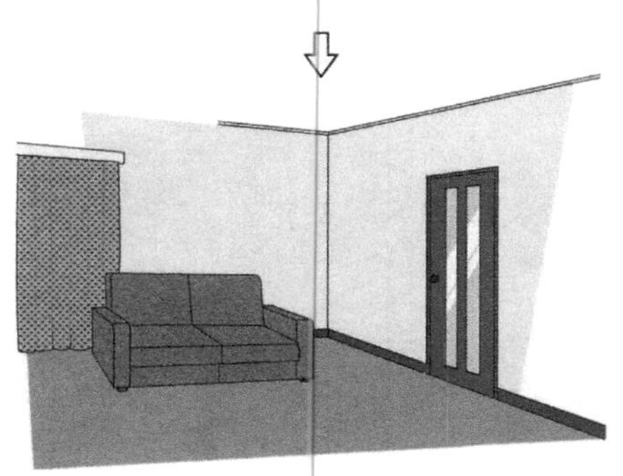

③门窗、主要家具、窗帘等辅助色的具体选定

已事先定好喜欢的家具时，就以此作为室内的重点加以突出。其他颜色与其作对应处理，还是使其服从整体作类似调和处理，都要事先考虑好为宜。

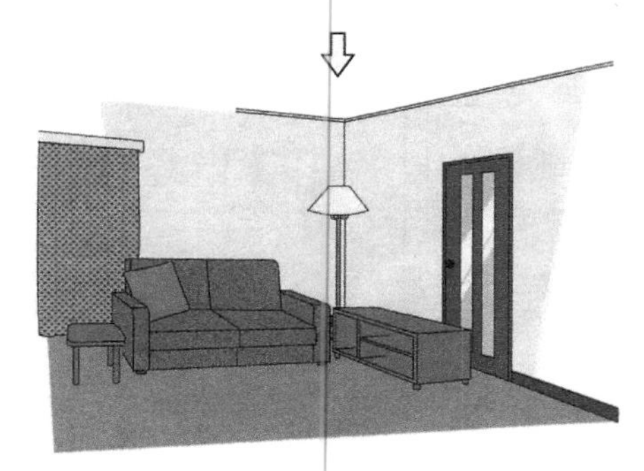

④作为突出色处理的小物件的选择

如侧桌、照明灯具等。家具类依容量可做辅助色也可做突出色。

作为突出色应选择便于更换的沙发垫、小件饰物等个体较小的东西。

图 8.3 室内装修的配色步骤（为了配合文字说明，门放在家具之后叙述。）[彩页P.22]

♫ **要点提示**

- 狭窄空间的窗帘应选择与墙面类似的颜色，让人不经意间以为窗帘与墙融为一体了。
- 沙发、浴盆等事先已按业主的决定选好颜色时，是将其作为空间突出色来使用，还是按融入空间中去来考虑，如有这种想法就未必一定按面积大小的顺序选色了。

7　色彩施工图表的完成

将每个房间、部位所选的颜色于作业之前填写到色彩施工图表中，为了易于对照，商品型号、颜色标号要附上相应的色卡单页。

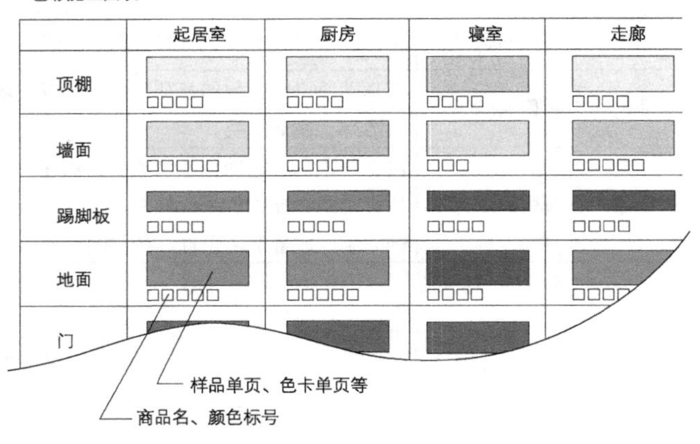

色彩施工图表

	起居室	厨房	寝室	走廊
顶棚				
墙面				
踢脚板				
地面				
门				

图 8.4　完成图表 [彩页P.23]

8　配色方案及目视化

色彩施工图表也是视觉表现方法之一，与其他方法并用配色方案就实现了简单易懂的目视化。

目视化的手法包括，立面图（展开图）的着色、形象透视图、平面图上剪贴商品样本以及贴有色卡单页的样板间模板、附带与提案形象类似的实例照片、CG制作等，依需要决定取舍或多个并用。无法填到色彩施工图表上去的材料实物，如有样品可以于公示时带到现场去。

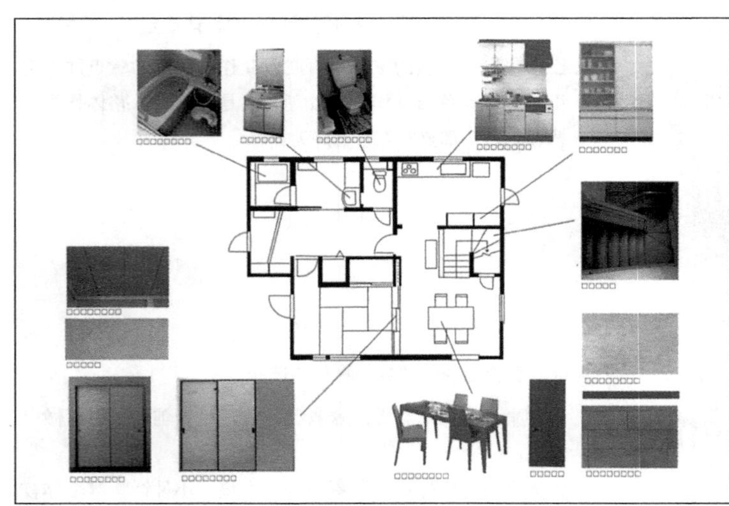

样板间模板

形象素描

南面　西面

东面　背面

着色展开图

图 8.5　视觉表现手法举例 [彩页P.23]

♫ 要点提示

・提案一经视觉表现，自己、业主、施工方三方就将形象统一了起来，目标形象相互间都容易理解。
・色彩施工图表按自己用、业主用和施工用准备三份，用在电话洽商的时候也很便利。

9 公示

向承接方说明，得到其确认、同意后，即完成了色彩设计。

公示中，如出现需要调整的地方，带回做调整，重新取得最终确认。

【参考】工厂配管类的识别标识 在工厂里，按JIS标准规定有“配管类识别标识”。JIS标准并不具有法律强制性，并非一定要使用JIS标准规定的颜色，但是，作为标准色已经普及。按管线内的物质分为7种，涂料用的标准色卡上刊载有这些颜色。其表示方法可直接涂写在管件上、涂环形或长方形标记或把标识牌拴在管线上，并用箭头在上面记好物质流向、标明物质名称。

物质种类及其识别色

水	蓝	2.5PB5/8
蒸汽	暗红	7.5R3/6
空气	白	N9.5
气体	淡黄	2.5Y8/6
酸或碱	灰紫	2.5P5/4
油	茶色	7.5YR5/6
电气	淡黄红	2.5YR7/6

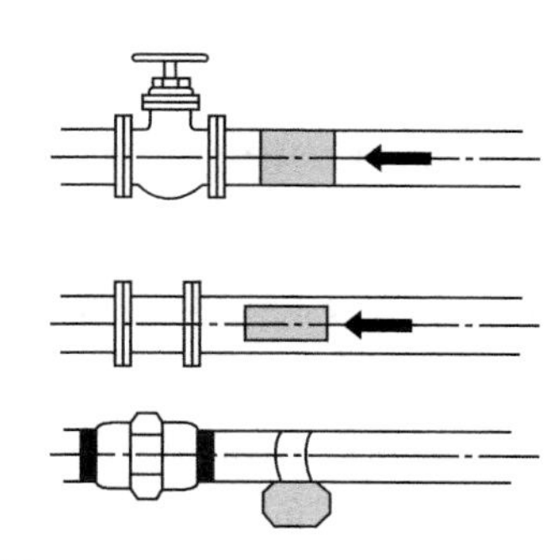

图 8.6 工厂配管类标识的表示

♫ 要点提示

・施工开始后，按需要开展现场管理，如所订购的材料是否如约送到，调色、施工有无错误等。

❹ 配色的诀窍

这里将介绍避免室内装修配色失败的诀窍以及让颜色更协调的选色技巧。外观也与此同样处理。

1 类似调和的整理

住宅方面，可将类似调和的思路做个基本归纳。比如，花布类的壁布要按照与挂毯同色相的颜色选择等。类似调和可增强安稳、放松感。

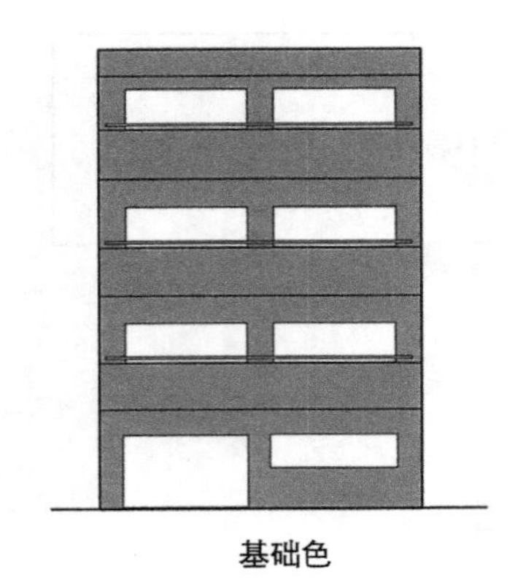

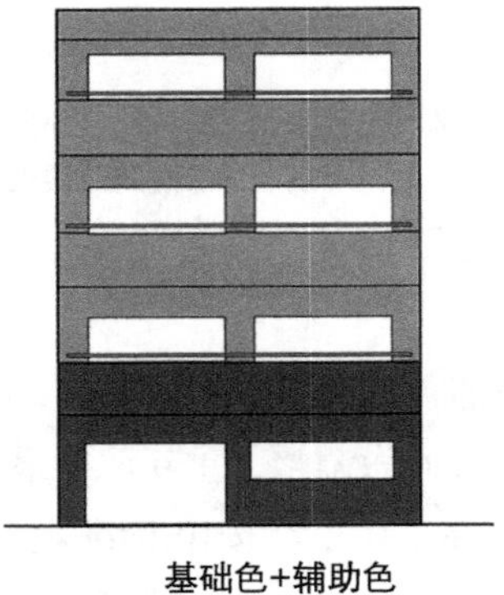

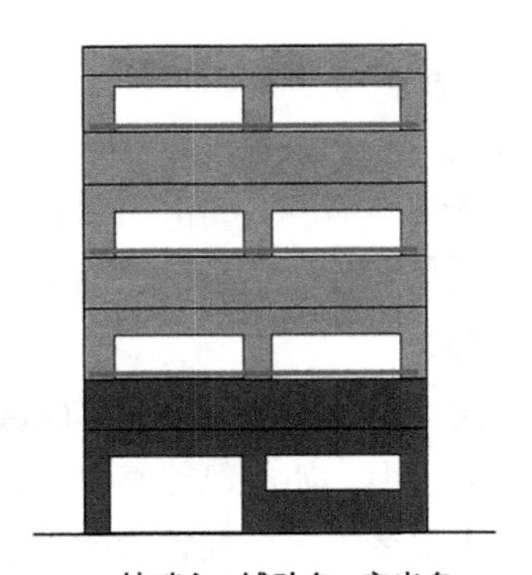

图 8.7　面积均衡 [彩页P.24]

人生在世的基本生存条件中暖色比冷色感觉上更亲近，有温度的物体比无机质物体更受欢迎。所以，公共空间以暖色系更易于为人所接受。

图 8.8　面积对比 [彩页P.24]

2　面积（volume）均衡的思考

说到住宅室内装修，家具、日用杂品等就自然而然地热闹起来了。地面、墙面及相关的器物应考虑避免出现具体图案或醒目的模式，要使用有所节制的颜色（低纯度色）。

不同色相之间的配色、浓与淡配色时，小面积使用带鲜艳感的颜色可形成高雅、协调的平衡。高纯度色正因为面积小才强化突出色的效果。内装修的突出色用简单易于替换的小物件、小饰物就可以发挥作用。

基础色占整体的70%左右，辅助色占25%，其余5%为突出色，按这一比例易于取得平衡效果，特别在考虑外观配色的时候更要参照这一比例。

做大面积的高纯度色、个性强的配色时，应充分斟酌。

3　重视质感

仅仅从色彩的角度着手容易造成粗俗的形象。人的眼睛在看颜色的同时还兼收质感印象，所以，选择颜色要把质感也考虑进去。

素色的壁布选择有质感的材料，借照明的阴影会给人空间质感及景深效果。

吊顶采用带有凸凹的质感很强的材料会给人嘈杂的印象。

织物中大花或印花等内容很具体的图案可增添华丽感，布料的织法及厚度、悬垂状态等在展示肌理材质的形象之外，还要符合目的要求去选择。

紫铜、镀金等金黄色显华丽，但过多使用会显得花里胡哨，以有重点地局部使用为宜。

4 选色时面积对比不可忽视

选色时因不熟悉而觉得无从下手，其最大原因就在于面积对比所造成的形象差异（参照P.62“同时对比”［彩页P.18]）。小的样本颜色用到墙面整体面积上时，很难想象会产生什么印象，这也是原因之一。

象牙色、乳白色等淡色在小面积上色感效果很强，如大面积使用就意识不到颜色的存在了。相反，大面积使用浓色会更浓，看上去更鲜艳。

面积对比告诉我们，大面积比小面积更让人感觉明亮。实际上暗色的内壁、外墙，与其说让人感觉豁亮不如说压迫和抑郁成分更浓，所以这方面应引起注意。

对于颜色的大面积使用应有足够认识，以免失败于面积对比造成的相反形象。比如，准备大面积使用的壁布样本及涂料的效果样本时要尽量做得大一些，瓷砖要在陈列室里多摆出一些才容易看出效果。

5 注意确认颜色的方法

对于有光泽的部位，应调整观察位置及光照角度，在光泽最少的状态下做确认。按照与实际使用状态同样的视角去确认，壁布要垂直悬挂、地板材料要水平置放后再确认。壁布、外墙板表面要做凸凹处理，光照角度、观察者的视角不同，出现的影子也不一样，留给人的印象也就不同。

尽量用大面积样品，重要的是按实际生活中所面对的距离从远处确认。

6 树立明度差意识

配色调和时明度的构成是最重要的。正像看黑白照片那样，在用于识别物体的色相、明度、纯度中，明度牵涉的因素是最基本的。可以说，看着很美就是其明度使然。

类似调和与对比调和的界线，依笔者看来，孟塞尔明度差为1.5，明度差小于1.5即类似调和，呈现柔和、稳重的形象。明度差越小形象越模糊，低至0.5以下的配色通常情况下就意识不到明度差的存在了。而超过1.5时，超得越多反差越大，形成强有力的硬形象，也可以说有失沉稳。这当中不仅地面、墙面、顶棚存在明度关系，其他诸如家具、回廊、踢脚板、织物等相互间也同样存在这种明度关系。明度差超过3，具有明显的视觉、识别效果。在标识类及突出色的使用上应采用明度差较大的配色。

涂装与砖、瓷砖这类不同素材，尽管明度差较大也比较易于调和。但一般来讲，大面积同类色用较大明度差去配色，是很难完成有品位的调和的。

宽松氛围以暗色房间为宜，传统日式住宅中的和室，其房檐外延，又有拉门、隔扇遮挡，即使白天整体照度也很低很暗。为此，家具等留下的阴影都显得很柔和、精妙。相反，现代住宅墙面选白色，而且很多房间洒满直射阳光，非常明亮的环境中影子的反差很大，所以从生理上很难让人进入放松状态。

整体发暗的室内装修感觉沉稳，但是无法径直攀上更高品位，质感是高品位的一大要素。暗色的狭窄空间给人以压迫感，往往带有阴郁的形象。

人类对于接近肤色的明度6～8的亮度会产生亲近感，让人觉得放心。利用涂装用的标准色卡以及卷末的明度尺等，可以检测自己手掌的明度，掌握了这一明度就可以应用到选色中去。

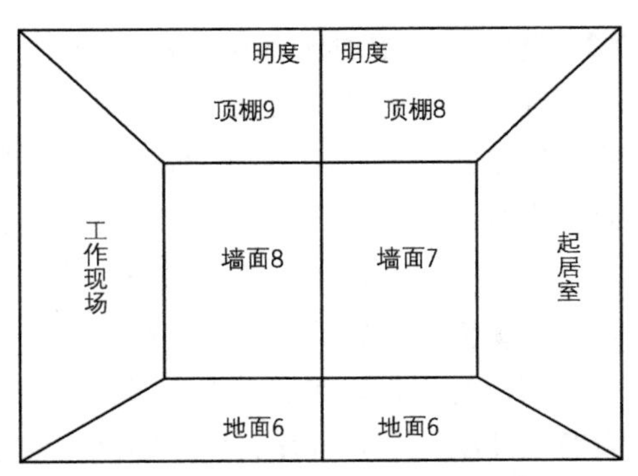

图 8.9　地面、墙面、顶棚的内装修明度差

◇明度差的具体应用

•地面、墙面、顶棚的明度差

地面、墙面及顶棚的色相不要做明显变化，地面要暗，墙面、顶棚的明度差依次相差1，使其逐渐亮起来会给人以安定感。比如，地面明度为6，墙面7、顶棚8。近年来，越来越多的人把壁布明度选在8以上，与顶棚之间已很难形成明度差。如果用个性不是很强的壁布，顶棚就可以用同样纤维的材料。京都情调的和室墙面从地面的榻榻米到墙面渐暗，这也无妨。

•顶棚压线、踢脚板的颜色

为了美化不同素材的连接部分就要装顶棚压线和踢脚板。狭窄房间、顶棚较低的房间，如配上暗色的顶棚周边框会很突出，显得杂乱。顶棚与墙面以颜色相配为宜。

踢脚板位于墙面底端，为了及时处理污渍避免显露，以使用暗色为宜。

•明度差小的室内装修

整体明度差较小的明亮配色，比如，白木家具上的本色麻纱等有种清凉感，但又有些朦胧，在这种情况下可用暗色、大明度差果断处理，或者以色彩鲜艳的东西加大纯度差。相反，家具、地面都是暗色时，若用明亮色、鲜艳色加以突出，就可以迅速赋予其勃勃生机。

•明度差大的室内装修

沙发等颜色比地面色更昏暗时，家具显得游离在外，给人不协调的感觉。这种情况应采用明度居于地面色与家具色之间的碎布垫，减少明度差就会稳定下来。

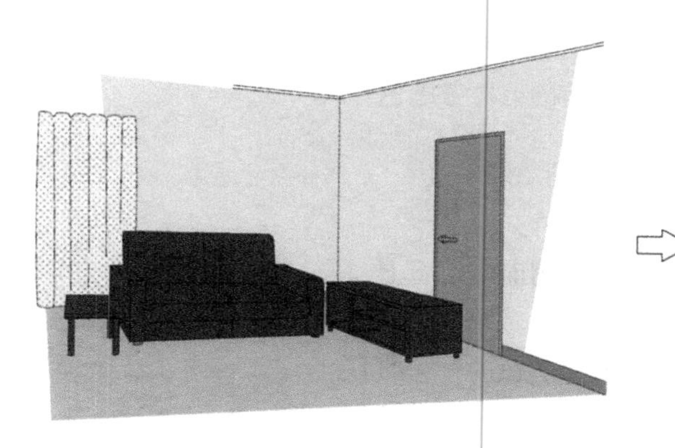

(A) 家具为暗色时

用明度在家具色与地面色之间的碎布垫、坐垫等小物件调整。

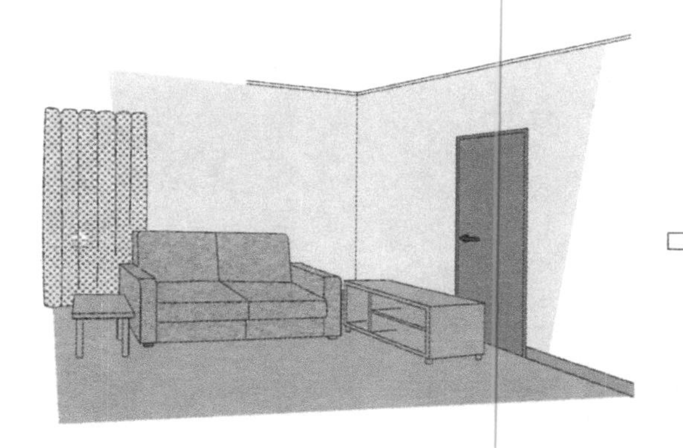

(B) 家具与地面无明度差时

用暗色加大明度差或以鲜艳的物件增加纯度差来调整。

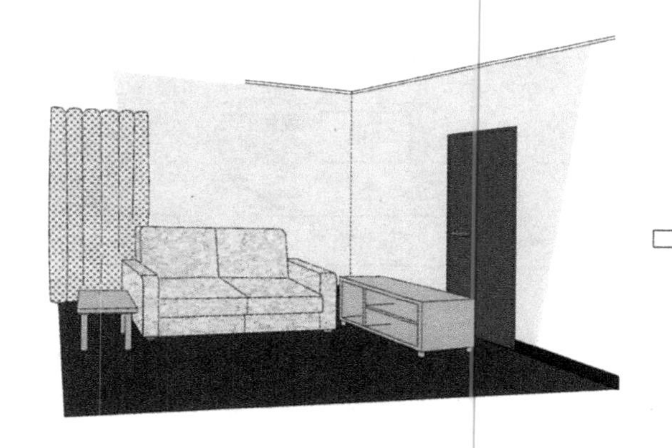

(C) 地面暗色时

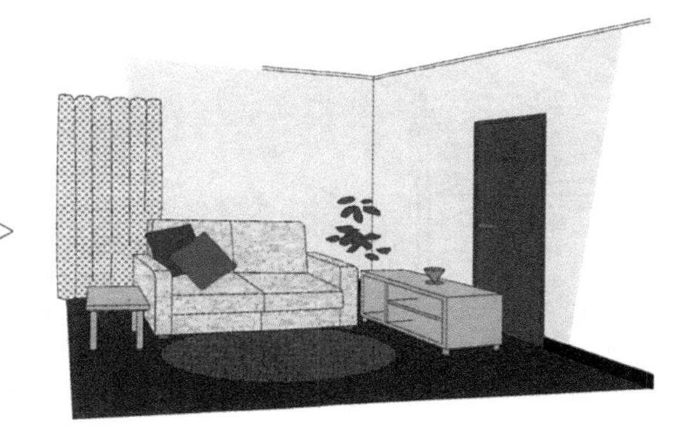

用明度在家具色与地面色之间的碎布垫、坐垫等小物件调整。

图 8.10　地面与家具的调整（为了配合文字说明，门放在家具之后叙述。）[彩页P.25]

相反，地面暗色，家具亮色的情况也有可能，同样可用碎布垫或坐垫等小物件平衡一下。首先应建立调整明度差的意识，在此基础上再考虑色相、纯度，配色就很简单了。

7 建立自然色彩和谐意识

物体被阳光照射时，朝阳面明亮，色相看着稍偏黄。背阴面暗，看上去发青。但纯度都不会有什么变化，这种自然界中司空见惯的对颜色的看法，叫做自然序列（natural sequence）。另外，纯黄色明亮，黄色的补色即蓝紫纯色看着发暗。

所以，做色相不同的配色时，从色相环上来考虑，以黄色为基准，接近黄色的显亮，离开黄色、靠近蓝紫色的发暗。按照这样的自然序列去配色就会觉得很自然。这种自然感的配色就叫做自然色彩和谐。

明暗关系与自然序列相反时，就成了看着陌生的配色，有明显的人工雕琢痕迹。以放松为目的的空间基本上按自然色彩和谐配色。

自然色彩和谐配色

非自然色彩和谐配色（综合配色）

自然色彩和谐配色

非自然色彩和谐配色（综合配色）

图 8.13　自然色彩和谐 [彩页P.26]

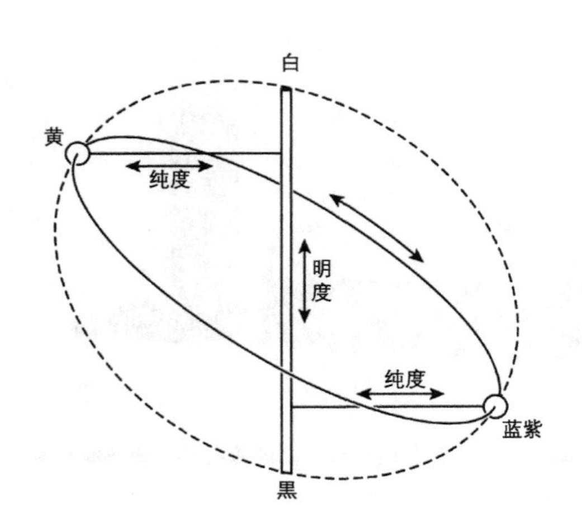

图 8.11　自然序列

黄与蓝紫的明度关系

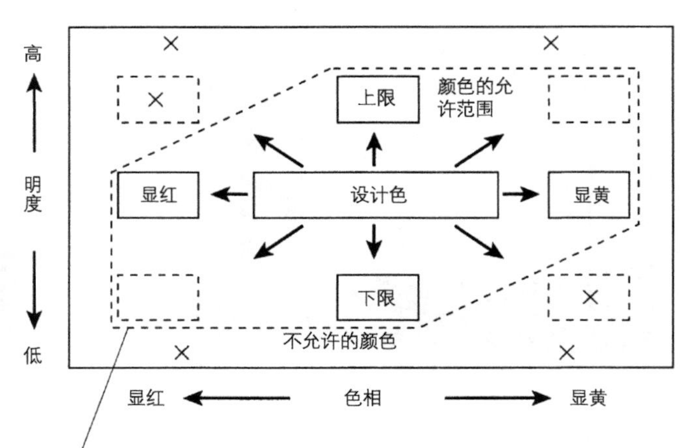

图 8.12　设计色与制作色的色误差允许范围

◇自然序列的具体应用

•家具的选色

对于褐色的地板色，米黄色沙发可产生自然协调感，因为这就是自然调和。而土黄色地板上的浅粉色沙发就很难习惯，其原因就在于这种配色有违于自然序列的原则。

•地面、墙面、顶棚的选色

住宅室内装修的色相应以黄红（YR）~黄（Y）系色为中心，其明度构成应按地面（暗）→墙面（中）→顶棚（亮）这一顺序。墙面色相比地面偏黄，顶棚比墙面进一步向黄靠近，本着这样的感觉来配色就显得很自然。顶棚与墙面若同样明度，顶棚就应该选择比墙面偏红的颜色。

•刻画图案

刻画图案要敢于逆自然序列去配色，吸引人们的眼球，使用强调人工形象的颜色也未尝不可。

•产品

在产品的生产场所，设计师制定的颜色与生产的产品之间存在色误差，当然这种色误差越小越好，但是应尽力将其调整到一致。即使按自然序列要求允许微弱色误差，但如果与自然序列相反，即便轻微存在往往也是不能允许的。

8 暖色调与冷色调如何协调

暖色、中性色、冷色中一定程度上还可再分为看上去显黄的暖色（温暖的）、看着发蓝的冷色（凉）。西红柿的红、桃红、蛋黄的黄色、橙系的黄色、抹茶的颜色属于暖色调；葡萄酒的红、淡粉红、柠檬黄、松针色、紫系色属于冷色调。

地板、墙面、家具等在暖色或冷色上以色调取齐就会感觉更自然，多次使用突出色时，在暖色或冷色上取齐更易于表现目标形象。

归入暖色调会形成温暖的氛围，归入冷色调则形成清凉而现代的氛围，适合富于朝气的空间、商业设施、办公室等场所。

将冷与暖在色调上取齐是把类似调和置于优势地位的一种手段，画家画画时，首先要把画布全都涂上底色，或者对最终完成构想很有把握的画家，先把画面整体色调确定下来，凭其优势得到类似调和的效果。

■ 暖色（黄及其色调）
显得什么色都掺进了黄色

■ 冷色（蓝及其色调）
显得什么色都掺进了蓝色

图 8.14 暖色、冷色的颜色分类 [彩页P.26]

暖色调与冷色调的分类概念，简单地说就是色相的分类，所以并非归结于哪个色调就会如愿地达到调和，还应注意明度、纯度的相互关系。

9 非彩色效果

白、灰、黑这些非彩色对有彩色可起到衬托作用，并实现整体的色平衡。

◇非彩色的具体应用

•让强色的配色协调起来

强调一种颜色形象时，可在对立的强色同类之间插入非彩色，让颜色互相分离，这是对分离效果的应用。这方面的实例有，欧式住宅外墙上的纵横支撑、白色、黑色窗框、彩色玻璃拼块上镶有铅的黑边等 。

•引出其他颜色形象加以强调

粉红+白=高雅、可爱；红+白=漂亮、华丽；黄+白=明亮、开放；蓝紫+白=柔和、优雅、安静。像这样通过与白色组合就可以强调有彩色的形象效果。

•果断处理

多色配色时，加白色后单一色马上就会变得华丽起来。园林混栽的花草也属于这类应用。室内装修如增加白色面积更易于调节冷色系的颜色。而自然色的地板上配金属家具时，白色调碎布垫可从中强调一种安静感。

•协调整体的平衡

个性强的多色配色，可通过掺入白色产生整体氛围上的统一感。插花也可以灵活运用。

●注意建筑上的白色的使用

建筑物使用纯白色时，应切实研究是否适宜。室内装修如用纯白色，墙壁反射光过强，不能给人放松感。而纯白的外墙，一旦有污渍就非常明显，在景观上突出出来。建筑物中较常见的白色是灰白（象牙色等稍带点颜色的白色）。孟塞尔明度8.5以上的灰白，远看是很柔和的白色。

10 对老年人、弱视者色觉特性的关顾

用于唤起注意及诱导作用的标识类应着力提高视觉性和识别性，强调扶手的存在时，重在使底色与图案色的明度差更清晰。

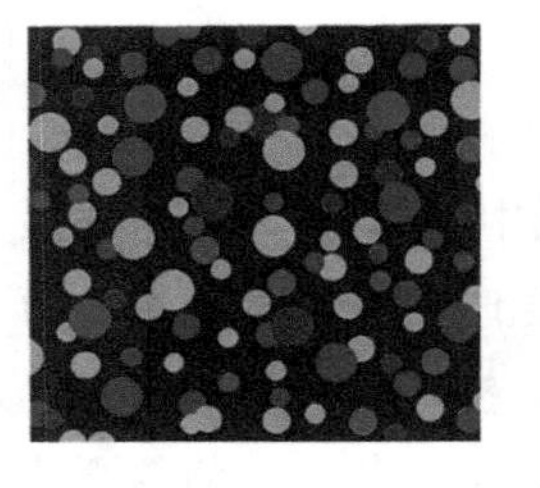
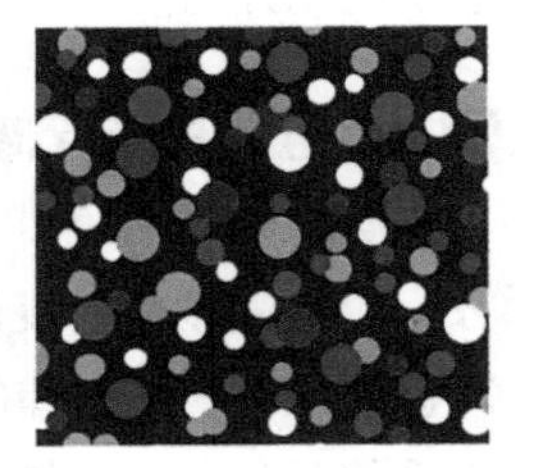

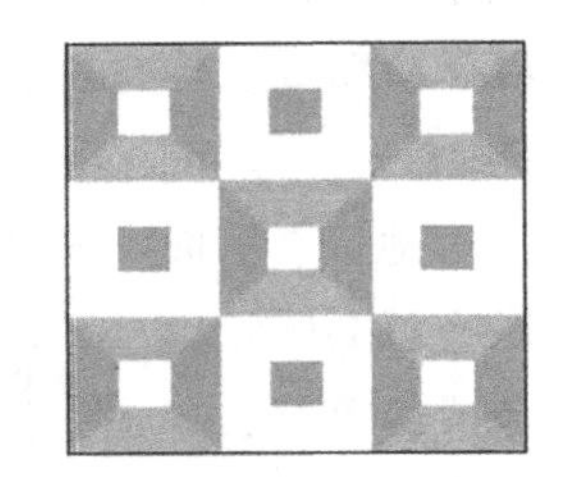
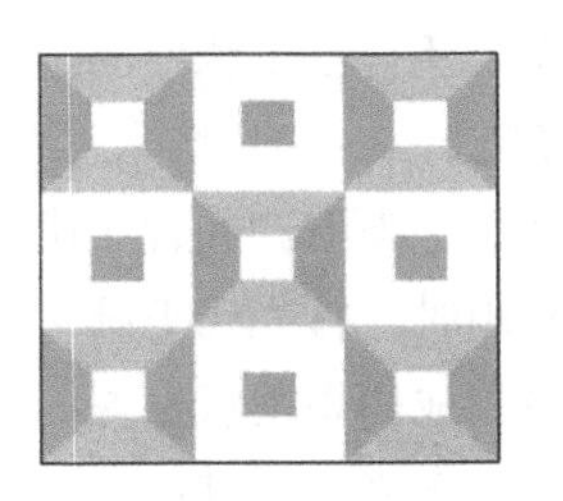

图 8.15 白色效果 [彩页P.26]

有高度差的部位应带出明度差（低处用暗色），或变换素材（颜色也要改变）加以区别等，以此提醒高度差的存在。

明度差以1.5以上为宜。加大明度差可提高视觉性，可是与设计灵感往往相抵触。个人住宅的扶手等需要记住位置的场所用不着总是添加色彩，视力有个人差异，明度差也不能一律孟塞尔化，关键在于功能与设计性能的均衡。

11 考虑演色性

不仅白天的阳光，在夜间人工照明条件下对颜色的观察也很重要。对材料、涂装颜色的确认原则上应在自然光下进行。室内装修材料，要确认完工后实际使用中灯光下的颜色效果。

12 关注季节感

窗帘、椅垫、床罩等织物类；油画、小物件等饰物；竹帘及应季花卉插花等，都会给室内装修带来变化，是转换气氛的有效手段。以潜心于应季更换为宜。

第9章　外观的色彩设计

建筑物外观属于其所有者的权利范围，同时，也应该认识到在选择颜色时它又是公共财产。下面的内容出于突出编著本书的需要，使用了“色彩设计”或“色彩规划”这类词汇。

❶ ——外观色彩设计思路及效果

室内装修本着业主的爱好很可能带着极强的个性去配色，但是，外观的色彩给他人带来的影响同样应该充分考虑。

1　色彩设计的思路

建筑物的外观会给住地居民、过往行人带来较大影响，对于外观，曾有“景观是公共财产”这一主张，这是十分必要的。建筑物外观属于其所有者的权利范围，但同时也是公共财产。

所以，所有者、设计者都应该有所节制，不能依个人嗜好在选色上极端地我行我素，应照顾与周围景观的协调。这样不仅提高地区整体景观的质量，也是对所在地各种建筑物的资产价值的提升。

对于让自己感到不快而又无法回避的状况，人们心理上可以用“不去介意”来解决，“习惯”就是其中之一。对于最初觉得不快的高纯度外观色彩，也有“习惯”这一心理过程。但是，应避免把这种“习惯”过程强加给他人，如果超出生理承受限度，还会造成难以忍受的精神压力。

做外观色彩设计，不能只考虑对象个体，还应着眼于环绕其周围地区的相互关系。外观色彩设计不能全凭感性出发，要立足于“配色协调”、“色彩心理及生理”、“景观协调”这三大视点，应该尽量客观地研究。

2　色彩设计的效果

住宅、公共住宅、商厦、写字楼及工厂等，对所有建筑物外观通用。

① 个性（identity）的产生

•强调与其他建筑的差别，以增强印象。

•作为公司、工厂、企业的脸面牵涉到广告形象。

② 景观协调

•减轻不舒服感、压迫感，有助于地区的美化。

③ 对地区的贡献

•工厂积极地改善煞风景的外观，在提升自身形象的同时，还会为地区形象增添魅力。

•公寓等公共住宅因为容量较大，外观上的档次很大程度地左右着地区形象。地区空间质量的提高来自它们高雅的外观。

④ 亲近感的产生

•给人以快乐、闲适、温暖的感受，排除不安心理，也就营造出了亲近感。工厂、仓库等，能让地区居民产生亲近感也同样重要。

 建筑物的用途及色彩

建筑的类型按要求的外观形象，通过基础色、辅助色、突出色分别表现在外在部位。并非一定要添加突出色，辅助色出现变化的同时就会出现突出色。

建筑物的用途及色彩 表9.1

单户住宅	色彩形象	安静、温暖、快乐
	基础色	墙面
	辅助色	屋顶、部分墙体（一二层分别涂装等）、铝合金门窗、玄关门、厨房门、套窗、板窗收放、落水筒、阳台栏杆、纵横支撑、外构（门柱、门扇、围墙、栅栏）
	突出色	没有特殊必要性，但作为个性要求的有窗框、部分墙体等
公共住宅 公寓	色彩形象	安静、温暖、格调、现代感
	基础色	墙
	辅助色	部分墙面、玄关门、公用部分（楼梯间墙面、走廊顶棚）、斜屋顶、附属设施（垃圾池、自行车棚）、外构（门、围墙、栅栏、照明灯柱）
	突出色	扶手、外挂楼梯等铁件、电梯门、标识物
商厦	色彩形象	现代感、活力、审美性、愉快
	基础色	墙
	辅助色	部分墙体、门、铝合金门窗、窗玻璃、空调室外机、电梯门、滚梯、扶手、招牌
	突出色	部分外墙、招牌、标识物、（店铺商品显示屏）
写字楼	色彩形象	安静、风格、新鲜度
	基础色	墙
	辅助色	部分墙体、门、铝合金门窗、空调室外机
	突出色	招牌、标识物
学校	色彩形象	安静、年轻、现代感
	基础色	墙
	辅助色	部分墙体、门、铝合金门窗、扶手、连接走廊、斜屋顶
	突出色	标识物
工厂	色彩形象	光明、现代感、漂亮
	基础色	墙
	辅助色	部分墙体、卷帘门、门、铝合金门窗、竖向落水筒、钢制楼梯、斜屋顶、换气装置、外置机器（储物箱、起重机、配管、配管架）、外构（门、围墙、 栅栏、照明灯柱）
	突出色	部分墙体、标识物
医院	色彩形象	温暖、柔和
	基础色	墙
	辅助色	部分墙体、门、铝合金门窗、雨篷
	突出色	标识物

❸ 外观色彩设计步骤

外观色彩设计的步骤基本上与室内装修相同。

色彩设计步骤引导（加框）

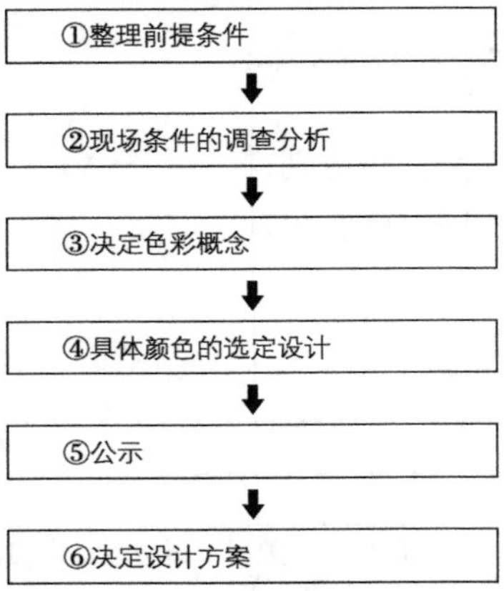

①整理前提条件
↓
②现场条件的调查分析
↓
③决定色彩概念
↓
④具体颜色的选定设计
↓
⑤公示
↓
⑥决定设计方案

1 前提条件的整理

首先要与业主、承接方洽商、确认。

取得如下所需信息：对象物的种类、用途（个人住宅、公共住宅、公共建筑、写字楼、工厂等）、要求、设计范围（部分或全体）、雇员人数、出入路径、工作时间段、商谈或参观等来访者的多少，收集相关资料（配置图、立面图、公司简介手册）等。

色彩设计承包金额的交涉与敲定。设计方案完成状态的表现方法（展示板、设计报告）、现场视察或途中洽商的有无、工期、设计方案的提交时间等都必须明确转达给委托方。

> ♫ **要点提示**
>
> · 设法与业主、承接方积极沟通。通过真诚、耐心地应对，努力取得对方信任。严格遵守设计方案的提交时间等应承的日期、时间，工期推迟及设计方提出日程变更都会失去对方的信任。

2 现场条件的调查、分析

务必亲临现场，把握好对象物与地区之间的关系。

① 把握地区特性

新开辟的住宅用地、古镇街道、商业地带、住宅与工厂混住地、田园区域等。

② 观察周边状况

幽静、低层住宅地、小区、喧闹、靠近商业街、人流多少、有无公园、绿化情况、近邻建筑的外墙装修材，附近有幼儿园、学校、医院等。

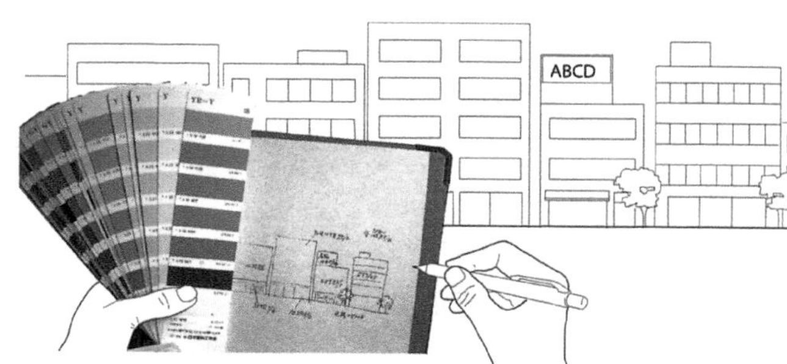

将外观色与色卡簿比照，记下它的孟塞尔值。
色卡簿使用（社）日本涂料工业会发行的《涂料用标准色卡簿》（上方照片）、日本JIS标准协会发行的《JIS标准色卡》等标准。
为便于把握景观色调，不必将色卡放到墙上去严格测色，从适当距离上观察对比进行测色即可。
外墙上有瓷砖等多种颜色混在一起时，平均起来测出一定程度即可，如有突出色就要分析研究突出的用意及色相、明度、纯度等要素。

图 9.1　带着色卡去现场调查 [彩页P.27]

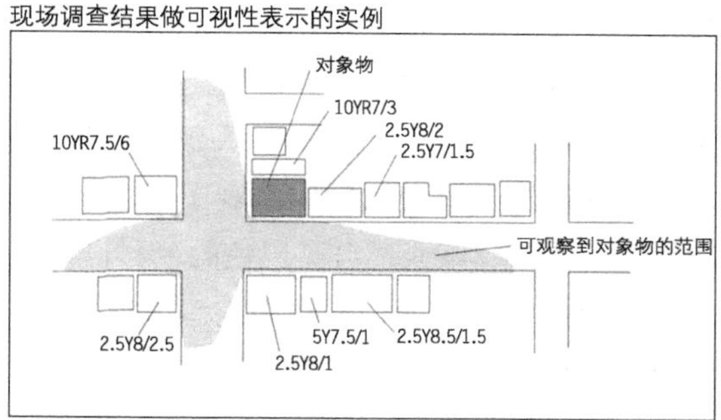

图 9.2　填好调查结果的地图[彩页P.27]

③ 对象物件的观察方式

对象物件处在什么位置，能多大程度看得到？是建筑物的里面还是外面？确认需要进行色彩设计的墙面。

④ 周边的色彩状况

了解对象物件周边建筑的外墙、屋顶所使用的颜色，不必过分追求孟塞尔值，把“稍亮、泛黄的灰色调”等，用区域整体的色相倾向、色调记录下来。周边如有显眼的颜色，应分析其优劣以及它为什么会如此显眼。

对于显眼的颜色，要分析它与周围色相、明度、纯度的关系。

⑤ 摄影拍照

不是为欣赏对象物而拍照，要拍的是对象物周围的情景，务必要拍下能深入了解周边状况的照片。

⑥ 了解地区文化

依需要有时要调查当地历史、文化、地方产业等，这期间往往可以发现一些新的构思，启发设计灵感。

♫ 要点提示

在现场所见所闻的感受要当场做好记录，这一点很重要。现场调查需带上以下资料。

- 附近地图的复印件：行走中手上要有一份尽量详细的住宅分布之类的地图，以便随时在上面做调查记录。
  如没有准备地图，可当场动手画出附近的草图。以道路为中心，把大型建筑、公共设施及便民店等视线所及的建筑物都记载下来。
- 色票：涂料用的标准色样本、样本等用来查阅孟塞尔值非常方便。在适当距离上与色样本对照，记下与发现的颜色接近的色票孟塞尔值，但没必要严密得甚至把色票放到外墙上去测色。
- 记录本夹：做调查记录时手上准备一个硬纸板书写起来更方便。
- 照相机：带上标准镜头、28mm广角镜头用起来更方便。用胶卷拍照时薄云天气比朗朗晴空更易于再现实物颜色，而且阴影也比较均衡。

3 决定色彩概念

从建筑物的种类、用途及调查结果中就可以确定色彩设计的方向（概念）性。

比如，“位于繁华街道的商厦，就要使其带有鲜明的个性”、“幽静的住宅地经常清楚展示出来的一角，要求具有安闲的外观”等，要把景观所牵涉到的影响视觉的程度列入计划，考虑一个与其相称的形象，而什么样的整体色调（ton）适合于这种表现，头脑中就要形成一个大致的色彩形象。

追求协调，避免从周围景观中鹤立鸡群这点至关重要，如果周围景观杂然无序，就应该通过自己出色的色彩设计把地区的景观质量带动起来。

单户住宅的概念，不必把它想得很复杂。以业主的要求为基础，“俭约而又觉得亲近”、“自然而恬静”、“柔和而单纯”、“觉得温暖”、“时髦而又厚重”、“明朗而现代”、“传统稳重”等，很多形象语言都可以用来表现它的方向性。

为了防止出现下面所说的对色彩方案的较大变更，在构思这一点上，事先取得承接方的确认和认可是必不可少的一环。

建筑与景观的相关性

基本理念是提高景观及空间的舒适性。

景观协调
- **类似调和型**
  - ·对山腰的输变电铁塔等，要从意识上消除其构造物的存在，即景观融合型。
  - ·与周围景观中建筑物颜色的平均色调相吻合，即类似调和型。对景观习惯后不会产生刺眼或不舒服的感觉。
- **对比调和型**
  - ·形成景观的突出色，积极地提升景观的里程碑型（landmark型），有助于促成地区活力。这种场合需要高质量的外形和装修材，应该是很漂亮的建筑。

♫ 要点提示

·单户住宅及小规模建筑，外观上很容易反映出业主喜欢的颜色，但是，如果属于极端颜色就要在应承的同时启发业主兼顾公共属性，让他适当调整个人情感。这也是装修配色工作的组成部分。

♫ 要点提示

·有些城市、地区以景观条例、景观发展规划等形式，指导景观建设上的用色。在这类地方从事大型建筑时，应事先与行政部门协商。
大型建筑的规模要遵照条例的规定。如有指导方针可按照其意向开展色彩设计。地区协议中已制定相关地域的色彩方针时，应与辖区市政府的都市规划科、建筑指导科确认有无需要规范的内容。

4 具体颜色的选定设计

确定了方向性，用于表现它的整体色调形象已心中有数，就可以按照这一形象选定实际颜色了。

大面积上按基础色、辅助色、突出色这一顺序决定颜色。

与室内装修一样，将各部位及其选好的颜色以一览表方式做成色彩施工图表，按可视性要求将设计方案浅显易懂地表示出来。

可视性表现方式即，在色彩施工图表之外还有立面图的着色、画形象透视图、制作彩色CG模拟图等。依需要可选其一或多选。

不仅设计方案，现场调查的结果也要可视化，以便从思路到提案全流程、通俗易懂地作以说明。

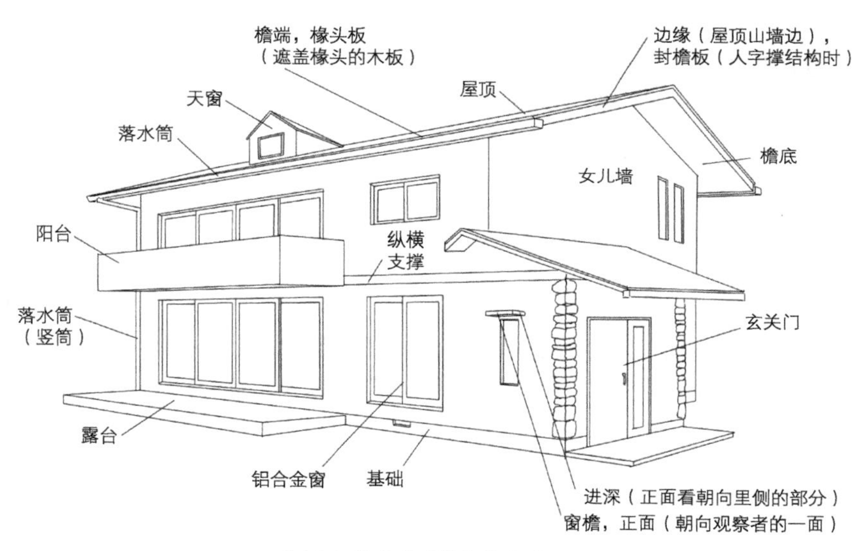

图 9.3 住宅外观的部位名称

♫ 要点提示

- 已习惯的颜色人们往往称作“放心色”，于是开始考虑更具个性的配色，正因为放心色心理上易于被接受所以喜闻乐见，也就没有谁会嫌弃它。在住宅上形成个性，采用放心色的同时，还应该靠灵感追求更高品位。

♫ 要点提示

- 用电脑制作着色的立面图，输出打印时要反复调整颜色，极力向选定的颜色靠近。
- 利用现状照片为重新涂装的物件等做CG彩色模拟时，即使单色也要加阴影，所以没必要严格追求原色再现。用拍摄时的距离看这张照片时，显示的就是同一程度的颜色，而且是从这一出发点做输出打印时的颜色调整。

5 公示

不仅仅是公示，依需要还要按实物材料带上颜色样本。

为业主、承接方做说明，得到其认可后色彩设计就完成了。

若出现需要调整的部位，还要把它带回来做调整，重新做最终确认、认可。

实况照片

设计方案彩色模拟

CG彩色模拟

图 9.4 可视性表现手法举例 [彩页P.27]

> **♫ 要点提示**
>
> · 设计作品较大时，已听取公示说明的对方未必有决定权，而承担该项目者向其上司打报告时，设计者的意图也往往很难如实转达给最终做决定的人。所以，公示板应附上简略成几条的说明文字，这样，无须听取说明，就可以把自己的想法准确无误地表达给看公示板的人。
>
> · 较大的设计作品不仅要公示，还要整理好调查、设计内容，提交“色彩设计报告书”。

❹ ——外观色彩设计诀窍

配色的诀窍与室内装修时一样。可参照室内装修项（P.91）

此外还有如下内容。

1 适合于外墙的选色

住宅外观使用频度较高的颜色有色相2.5YR（黄红）~5Y（黄）、明度5.5~9左右、纯度0.5~4左右。以自然界中常见的一般土地、木板的颜色用于外墙，没有不舒服感觉，可以使用。

这一色相之外的黄绿~绿~蓝绿~蓝、紫~红紫~红系色如作为大面积的基础色使用会产生较强的不舒服感。

涂装时，外观色在孟塞尔明度5以下，无厚重感、高级感，昏暗、阴郁形象较强。外观应按孟塞尔明度7左右的中明度来考虑为宜。

2 与不涂装部分的调和

改涂与现状不同的颜色时，应注意与瓷砖等无法改变部分协调配色。

保持原色部分将其作突出性处理时按对比调和，还是直接做类似调和，应做到心中有数，考虑好色相、明度及纯度。

3 建立自然色彩和谐意识

单户住宅用黄红（YR）~黄（Y）系列色改变一层、二层颜色时，二层要用比一层明亮的偏黄色。规模较大的建筑低层部分与高层部分的颜色区分也一样，基础色与辅助色在类似调和的基础上进行。

需注意的是屋顶与外墙颜色的关系，相对于绿色屋顶而言，粉红色外墙很难与其相配。用明亮的外墙色配绿色屋顶时，不能用红色，外墙用黄色才能与自然色彩和谐，同时更接近类似调和，形成易于被人接受的配色。

外墙一层、二层的配色自然色彩和谐举例

非自然色彩和谐的配色给人感觉不舒服

图 9.5 建筑物外观的自然色彩和谐 [彩页P.27]

4 与外构关系的思考

考虑建筑物与场地内的铺装、门柱、门扇、围墙、栅栏之间的关系。与外观连带的颜色基本上按类似调和去处理。

5 与绿化关系的思考

绿化容量较大时，采用灰等无机质配色及强调人工形象的颜色易于与树木协调起来。但是，换一个角度看，繁茂的树木中灰色外墙的无机质成分显得更突出，给人冷落感觉。

6 方位的思考

南面与北面即使用同样颜色给人印象也不一样。比如，坐南朝北的住宅就要避开灰色以免造成无机质形象，以强调暖色为宜。

7 用色应兼顾素材

为了达到与自然绿的协调而采用绿色，这种出发点必然招致失败。自然绿溶于各种微妙颜色的集合体之中，而且会随着季节不断变换，涂装的绿色做不到这一点。涂装及瓷砖等大面积使用既单一又一成不变的绿色，游离于自然之外，反而额外增添了不舒服感。用类似红砖的红茶色去涂装，这一想法同样会造成低俗形象，要避免用人工色模仿天然素材这种设想。

8 确定涂料颜色的要点

印刷油墨透光率较高，印出来的色卡包含有纸板本身的反射光，其结果就产生了明亮清晰的透明感。而美术颜料、涂料是不透明的，看上去颜色较重。所以，当油工及涂料厂家靠带有印刷油墨的色卡指导调色时，很难如实按形象的颜色完成涂装。确定涂料颜色应以涂料用标准色卡或各涂料厂家发行的颜色样本为依据，用不透明的广告画颜料等按要求的颜色试涂一张色纸，将其作为色卡在调色时使用。

♫ 要点提示

关于涂料用标准色卡

- 涂料用标准色卡按全国涂料厂家加盟的（社）日本涂料工业会每两年对发布过的颜色修改发行一次，所有的颜色均按B02-70T、B15-65X等编号表示，通过这些编号指定颜色。
- 颜色编号前面的A、B等前缀符号表示发行年份，后面显示部分的02-70T、15-65X如相同，说明即使发行年份不同也属同一颜色。比如，颜色编号中的02、15表示色相，70、65表示明度，T、X表示纯度。孟塞尔值作为参考也列在其中。
- 色卡分为颜色一览表的口袋书版本和剪贴时供色卡撕页使用的宽页版本两种，在较大的美术用品商店或涂料厂都可以买到。

9 关于褪色

涂装经年累月也会褪色。黄红（YR）~黄（Y）这种地球色具有耐气候性，与其他颜色相比不易褪色，不会因污渍、褪色带来不舒服感，通常越是高纯度色越容易褪色，一旦褪色非常难看。招贴图板等具体画面更显难看，为此，需要事先做好预测，制定翻新计划。外观部分应该使用即使玷污、年久褪色也不会觉得难看的颜色。

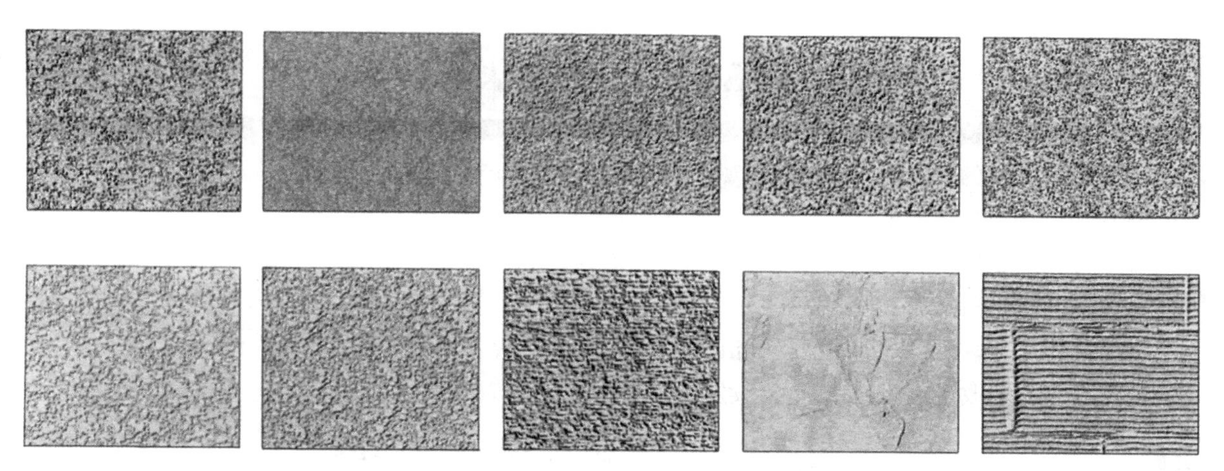

图 9.6　外墙完成涂装的表面肌理举例（资料提供：株式会社ESTEEI）

♫ 要点提示

关于涂装的完成

- 现场涂装作为外部使用、要求较强耐气候性时，其选择顺序为：氟树脂涂料（15～20年）、硅树脂涂料（10～15年）、二液型聚氨酯树脂涂料（8～10年）、丙烯乳胶树脂涂料（6～8年）、溶液型丙烯树脂涂料（5～6年）等（括号内为翻新涂装的参考年份）。选择涂料种类时，还要就有关性价比方面听取涂料厂家、油工等专家的建议。
- 涂装完成后的光泽程度分为3分艳、7分艳和去光泽等几种。通常室内常用光泽少的物品。光泽的多少还与是否容易沾污有关，户外不易沾污可用有光泽的。目前一种利用光触媒技术令污渍难以附着的涂料已开始普及了。
- 完成的表面肌理有平滑光亮精漆、凸凹纹精涂装（柚子纹理、波纹、head cut、拉毛风格）、石材风格精漆等很多方式。可参考涂料厂家的样本，或请厂家、油工做成涂装试样来确认。

第10章　景观协调及色彩

每个建筑外观的集合体就是街区景观，“景观是公共财产”。

地区特有的形象营造出有秩序的街区景观，这就是魅力。

施行景观法的各地方政府开创有秩序的舒适街区、富于个性的街区已形成一种趋势，日渐高涨。

为了开创更有魅力的街区，就要总结出当前的不足和优点，不足之处作为今后的课题要研究改进措施，优点要继续发扬，以求更积极地普及推广。

❶ ——街区景观的课题

无秩序的色彩景观堪称“嘈杂色”。美化街区景观的方法，首先是去除无用的色彩（不想看的颜色、不喜欢的用色方法）。

景观的不足之处（课题）、优点、城市风格（旅游城市、大学城市、商业城市）、地区风格（住宅区、商业区等）、建筑物（公共建筑、单户住宅、公共住宅）等依风格各不相同，所以要对自己的居住地做一番调查。

找出自认为不好的色彩的问题所在，包括①建筑外观的色彩问题、②户外广告物的色彩问题、③与工作关联的色彩问题、④路面色彩问题、⑤维护管理上的色彩问题这几个方面。

① 建筑外观的色彩问题

■配色问题

- 高纯度墙面出现基础色造成的突出感
- 大面积高纯度突出色造成的突出感
- 大面积墙面用单一色造成的单调、压抑感
- 小区等多栋楼同一色造成缺乏生机的单调
- 为了对小区等建筑群加以区分或等级划分而过度用多色造成视觉障碍感
- 针对某一具体建筑并没有问题，但色调不同的外墙其邻接处不协调
- 粗俗的装饰图案（涂色、瓷砖画面）造成的突出感

■素材颜色问题

- 为了节省施工费，表面用不同的涂装规格（素材、颜色），品位降低
- 粗俗的外墙素材及随之而来的涂色过深
- 助长凉意，引起光害的玻璃幕墙
- 光泽墙面（瓷砖、金属面板）的突出感
- 住宅的高纯度有色瓦造成的突出感

■附属物问题

- 空调室外机颜色游离于建筑物之外的杂乱感

・卷帘门颜色、金属材质缺乏生机的感觉

② 户外广告物的色彩问题

・高纯度化（图板、LED）增强了色彩刺激

・大型化增强了色彩刺激

・建筑物外墙的基础色与广告物颜色不协调

・店铺设多处装饰篷、招牌，过于笨重

・竖立招牌、广告的底座泛滥造成的杂乱感

③ 与工作关联的色彩问题

・施工临时围挡突出，缺乏生机的感觉

・高纯度色廉价围栏造成的视觉障碍

・砌块围墙的水泥色缺乏生机感

・工厂等地部件、室外机器从厂外清晰可见等这种粗放管理

・连拱廊顶棚用色沉重，篷盖的颜色使太阳透射光的演色性差

・路灯、垃圾箱等公共设施的颜色杂乱

・过街桥及其颜色的另类感

・电线过多增加杂乱感

・标识色及其支柱的突出感

④ 路面色彩问题

・人行道铺装设计粗糙，使用了高纯度色

・不同的设计、用色使铺装的接合部不统一

・禁止停车标志、隔离墩给路面添乱

⑤ 维护管理上的色彩问题

・建筑外观及工厂的室外机器等因维护不善造成褪色、生锈有损形象

❷ ————————街区景观的优点

街区景观所表现的优点有：①建筑的色彩效果、②户外广告物的色彩效果、③与工作相关的色彩效果、④路面色彩效果、⑤维护管理的色彩效果、⑥绿化的色彩效果这几个方面。即使使用同样颜色，依程度和地区状况的不同，既可能造成不足，也会引出较好效果。

静止的建筑物外观、与工作相关事物均以生活这一舞台背景定位，在这里活动着的人是主体，他们期望充满生机的景观。

街区景观属于市政公共建筑中土木设计管理的分内之事，业主、设计者树立这种意识之后也会尽职尽责。

① 建筑的色彩效果

■配色效果

・与周边建筑物统一色调形成秩序感

・单调的墙面用突出色引出变化、使其活性化

・通过外形和用色缓解大面积墙面的压抑感

・通过较强色调的基础色促成繁华街的活性化

・通过适当变化及多栋建筑的个性化形成统一感、高级感

■素材的色彩效果

・与周边建筑物统一色调形成秩序感

■附属物的色彩效果

・通过墙面的石块等物体形成个性化、活性化

・通过商品颜色、橱窗、显示屏颜色渲染气氛

・通过图板、模式用色缓解卷帘门缺乏生机的感觉

② 户外广告物的色彩效果

・繁华街的广告物可活跃气氛，增添活力

③ 与工作相关的色彩效果

・通过对施工围挡的设计处理来美化施工现场

・对煞风景的工厂室外机器，可利用突出色实现秩序化、个性化

・连拱廊顶棚的造型、用色可实现整体的统一感、个性化

・统一公共设施颜色可实现秩序化、个性化

・路灯按季节更换装饰可烘托气氛

・过街桥采用与周边建筑物类似的颜色可缓解不舒服感

④ 路面色彩效果

・通过建筑外墙及其入口地面铺装的颜色实现整体感

・人行道的铺装颜色兼顾建筑外墙颜色

・通过道路铺装用色烘托愉快气氛，促成活力及个性化

⑤ 维护管理的色彩效果

・无污渍外墙、围墙，无锈、不褪色的室外机器有美化效果

⑥ 绿化的色彩效果

・通过繁茂的绿色实现景观的滋润、环境的悠闲。

图 10.1　如果电线、电柱消失……　（CG色彩模拟提供：ESTEEI公司）[彩页P.28]

❸ 城市色彩景观规划

每个建筑物都肆意自作主张，混乱中就谈不上景观了。作为解决措施，可以考虑全部采用统一颜色，但这样做并不现实。假如所有建筑都用同一颜色，不求变化，就会沦为毫无魅力的景象。每座城市各具独特氛围才是我们期望的景观。

1 行政上的色彩景观规划

① 行政上色彩景观规划的思路

2004年12月实施景观法。此前各城市都制定了景观条例，更多的地方政府还提出了用色的指导方针，并增添色彩辅导等，各地的基本思路都一样。对符合当地特点的外观用色范围做了一定程度的界定，供人们在此范围内自由选择颜色，整体上要由“类似调和来统一”。城市景观的水准仍然是“美丽就是统一与变化的适度平衡”。

色彩景观规划以当前的色彩倾向为基础，划定出外观色（主要是基础色）的大致范围，既作为城市整体的参考，又允许每个地区依其特色做若干变化，有时只针对特定地区。

按规划开创良好的典范地区，以启发卓有成效的景观意识。

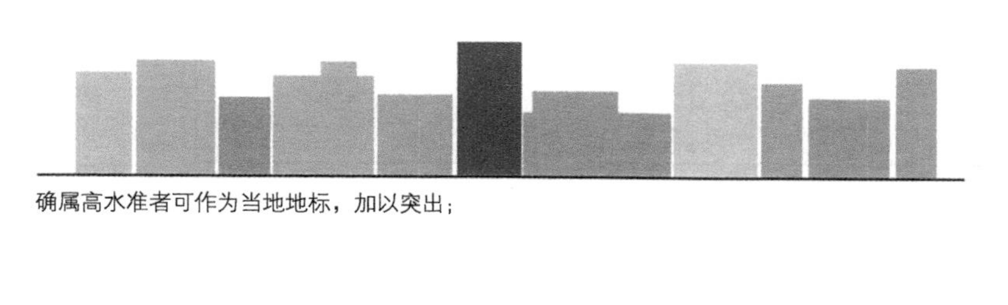

确属高水准者可作为当地地标，加以突出；

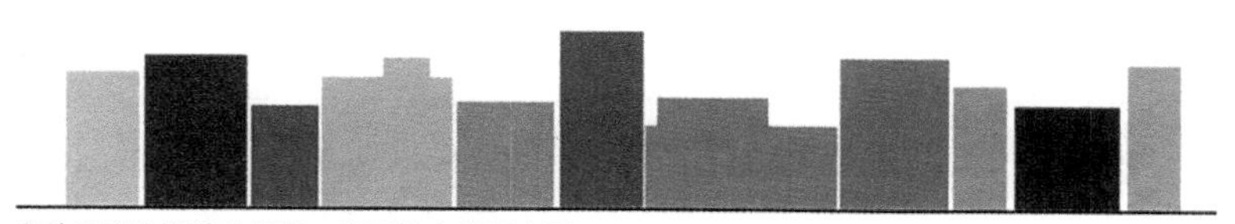

多处出现这种独特颜色，街区就杂然无序了；

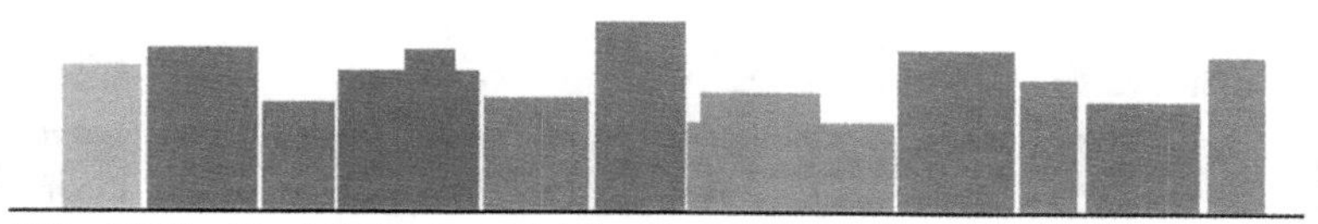

色相、色调统一到一定范围之内，可产生秩序感。

图 10.2 色彩景观规划的思路 [彩页P.29]

② 行政机关对色彩使用的指导方法

划定外观颜色及与工作相关的用色范围的方法包括：①对色相范围有规定，色调不做限制、②色相任选，色调要规整、③色相、色调均要求规整，这样三个方面。以广泛地区为对象时，可设置一个较宽泛的参考范围加以指导。通常以黄红（YR）~黄系色（Y）为中心来规整色相，同时，还应避免极端鲜艳或昏暗的颜色，以低纯度色为主。总之，规整色相、色调的做法更实际一些。大阪市按照这一思路进行色彩使用的指导。

从景观角度考虑色调的五种分类　　表10.1

大阪市对色调的五种分类	PCCSS色调名	JIS系统色名的修饰词汇
淡色调	灰白色调P 灯光色调lt	○调的白色　○调的浅灰色　白色 极浅○浅　○浅灰色
淡灰色调	亮灰色调ltg 淡灰色调g	○调的亮灰色　○调的中位灰色 亮灰色 ○显灰的○中位灰色
文静色调	柔和色调sf 无光色调d	温和的○色 发暗的○色
深色调	暗色调dk 暗灰色调dkg	暗○　显暗灰的○ ○调的暗灰色　暗灰色 极暗的○　○调的黑色　黑色
冷色调	冷艳色调v 明亮色调b 浓色调s 深色调dp	鲜艳的○ 明亮的○ 强○ 浓○

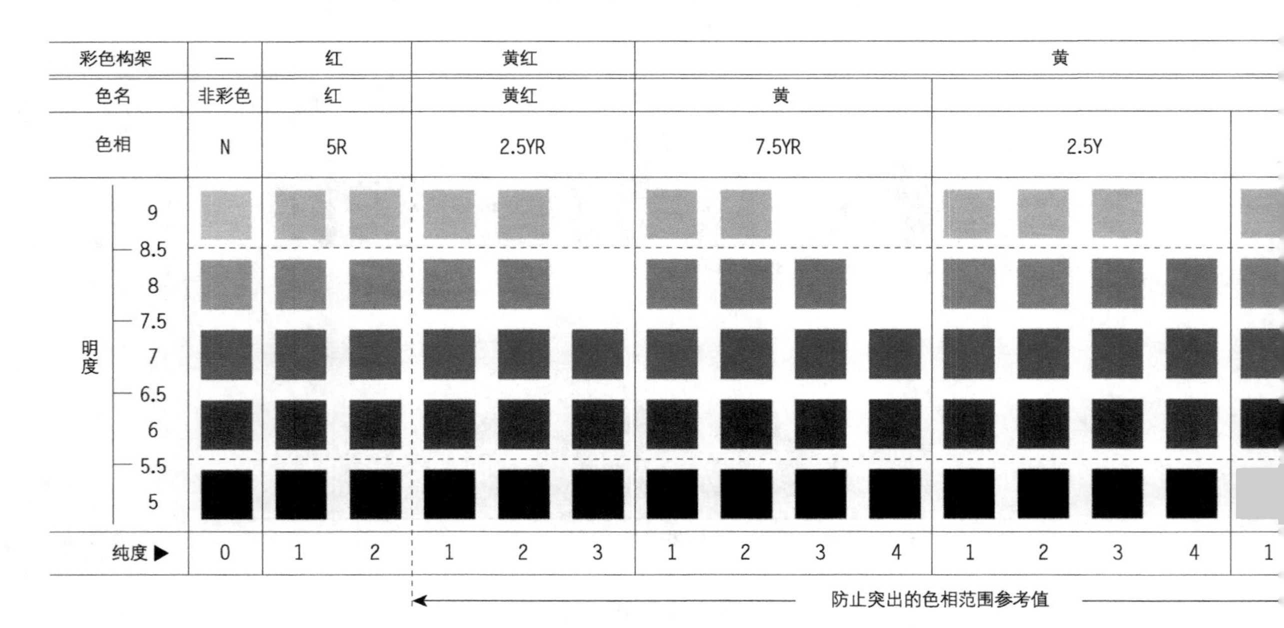

图 10.3　大阪市色彩景观基调色的参考值（大阪市色彩景观规划指南“温和的”）[彩页P.28]

处在受限地区还可以采取个别协商的办法。

以京都市为例，在制定有市区景观整备条例的景观建设地区，达到一定规模的新建、改扩建项目，提交开工报告是作为一项义务来要求的。颜色基准要求“不准使用花里胡哨的过度色彩装饰”。而在京都市古建筑群保护区的条例中，除指定新建、改扩建时详细的外观样式外，还提倡各划定范围内“木结构部分使用黄土制的红色颜料、在原底上涂精漆及其他与此类似的精漆色彩”、“木结构部分在原底上涂精漆及仿古精漆”等。

至于处在规定的颜色参考范围边界上的颜色，要与相关人员协商判断可否。

大阪市色彩景观规划对色调的五大分类更易于理解，[彩页 P.7 ~ 9] 图 1.10“色立体剖面图”将这五种色调做了区分。

2 风土色

① 风土色与景观

土地、岩石、植被等自然色构成一个地方的风土色，还有土特产、传统工艺品的颜色等在历史文化中也常为特征所用。

为了将其引入符合地方性的颜色范围，就要调查当地的风土色。一个城市也是由商业地、住宅地、田野、山林等不同的风格构成。要把握好各地区在景观色上的色调倾向。比如，古老的街区带有红色稍显暗淡的倾向、当地土地的颜色通过墙、瓦、山石颜色，通过石墙反映出来等现象。此外还有带地区特色的建筑样式、外观装饰等。这些在促成景观规划、地方性方面都是重要因素。如果用色过程中无视这些风土色，地方性将消失殆尽。

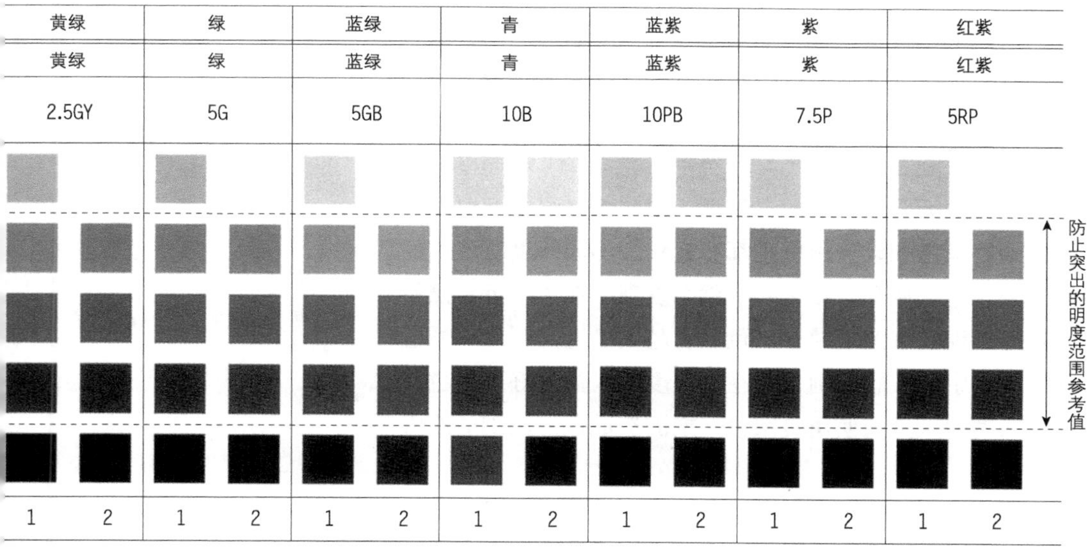

黄绿		绿		蓝绿		青		蓝紫		紫		红紫	
黄绿		绿		蓝绿		青		蓝紫		紫		红紫	
2.5GY		5G		5GB		10B		10PB		7.5P		5RP	
1	2	1	2	1	2	1	2	1	2	1	2	1	2

防止突出的明度范围参考值

※印刷造成的颜色显示，与伴生着实际质感的色彩有区别。

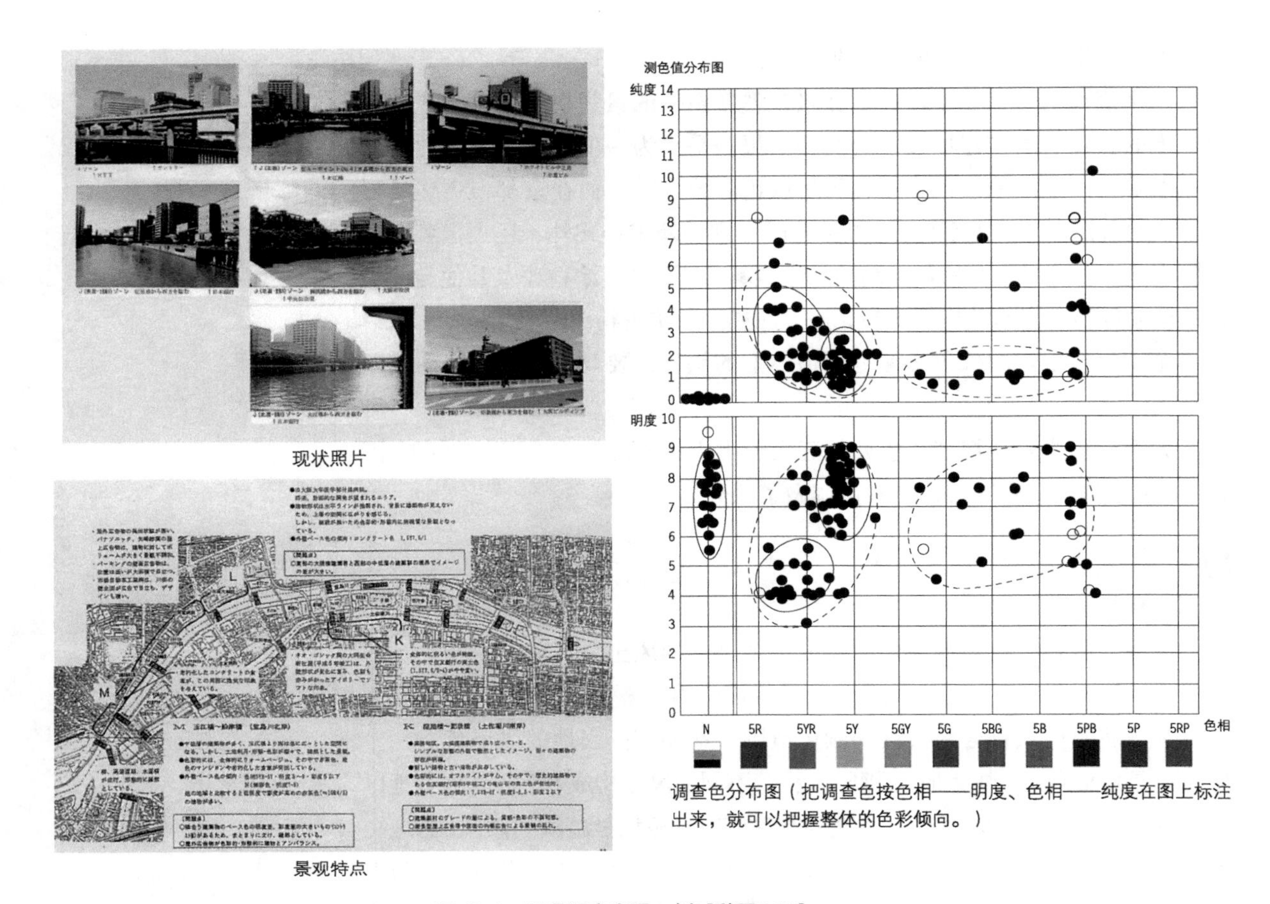

调查色分布图（把调查色按色相——明度、色相——纯度在图上标注出来，就可以把握整体的色彩倾向。）

图 10.4　景观调查表现一例［彩页P.30］

由建筑业的执业者小规模开发的单户住宅，近年来以高纯度的外墙颜色统一各家装修的实例越来越多，甚至勇于选用与周边不同的颜色，但不能只图标新立异，还要顾及建筑物的样式、精装修素材等方面，努力为促成本地区景观的高质量多多着想。

② 气候水土与偏好色

依土地、树木、大海、天空等身边的自然色，日照量、温度、湿度这些气候水土的不同，偏好颜色和设计用色也都有变化。不同纬度对颜色的看法也影响着各地的偏好色。从全球搜索一下就会发现，赤道附近日照量大，南北极等纬度越高的地区日照量越小，色温也越高。这是因为蓝系色看着更美。这种现象无意中让人感觉到，住在高纬度的人们偏好冷系色，擅长使用蓝系色，低纬度的人擅长使用暖系色，推测造成这一区别的原因就在这里。

其结果，北方、南方产生了各自不同的对配色美感的认识。日本出现了日本的配色美。日本独特的色彩美学意识也需要重新认识，希望认真地继承下来。

3 象征色

城市的形象色彩与实际色有所不同。

水是蓝色、竹是绿色，有时便凭借粗略设想制定城市、商业街颜色。象征色充其量是个象征，人行道、路灯灯柱、桥等，各处相关于工作的用色以及公共设施等都用这种颜色并不可取。象征色多用于高纯度色场合，如果与工作相关处都铺展开，景观就杂乱无章了。景观中的象征色仅限于烘托商业街活力的彩旗、鲤鱼旗、广告张贴画等商业娱乐性的使用，或用于指示性标志的突出色。

4 就色彩问题与行政机关沟通

设计者与行政机关协商时，一般情况下应带上着色的立面图或完成设想图出席。但是，着色图与实际外观色有较大的颜色误差，色名表现又很模糊，日后往往容易引起纠纷。为此，应尽量用接近实际色的形象、接近的色彩着色。另外，对色的三属性理解得不够透彻也是导致纠纷的原因。

为了防止事前协商时的提示色与施工时的实际色有出入，大阪市的做法是以“依情况做三个阶段的颜色表现”为基础，统一色彩用语，以求色彩协议的完满达成。所谓三个阶段的颜色表现即，①需要严格特定一种颜色时，按JIS孟塞尔色值标注，比如，10YR7/2。②对所用颜色做说明时，使用“亮灰的黄色”、“浅灰黄色”等系统色名或惯用名。色名含有近似的色彩，并不能表达得很严密，只是将色形象化。③传达一种色彩景观形象时，如“淡灰色调中的黄色（淡灰黄）”，这当中包含着类似关系上的色彩，作为色群在景观的色彩形象中展示。

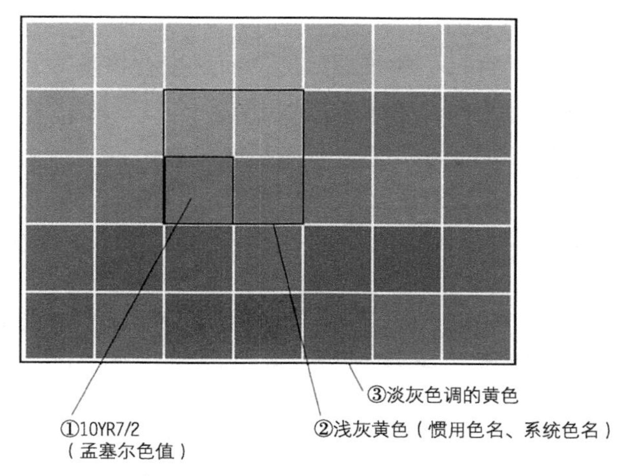

图 10.5 颜色表示的三个阶段（指大阪市）[彩页 P.30]

——————重视景观的外观色彩设计

1 关于象征性的建筑物

象征性及地标性建筑物应避免仅凭业主或设计者的意向做决定。它们对景观会产生很大影响，所以，要广泛听取民众意见，经充分而慎重的议论后再决定做设计。

强色（高纯度色）的使用不能自作主张。充分商讨精装素材，构筑一流建筑可以带动地区的空间水准，自然而然就会被公认为象征性及地标性建筑物。

2 如何避免景观不协调

单户住宅用黄、蓝、粉红等鲜艳颜色的外墙越来越多，可是，是否适合所处场合值得研究。其实低纯度色中非常明亮的外墙、非常暗的颜色或者绿～蓝绿、紫～红紫这类色相也很容易形成突出色，所以，不要将其用于基础色。

过度装饰、油画及画板等具体的实物设计、非必然性的设计模式等，很容易从景观中突出出来，人们对它的厌倦也来得很快。使用涂料的壁画往往因污渍和褪色变得很难看，要按计划地进行翻新涂装，提前做好时间安排。

不锈钢镜面精装、热反射玻璃等反光较强的素材容易与景观形成抵触感，无必要时尽量不使用。而反射光对周围又产生很大影响。所以，对于所处场合是否合适也应充分研究后再做决定。

企业的形象用色多采用高纯度色，如果任其在外墙上大面积使用很容易形成突出色，需要使用时应小面积重点使用。

楼栋成片地开发住宅地时，为了对每个建筑加以区别而过度变换颜色，看上去显得杂乱。应事先为开发地段设定整体的统一色调。

外构、植被作为色彩规划的组成部分，也要综合起来考虑。

♫ 要点提示

装修配色的立场

- 艺术家的工作就是表现自己的感性。能对他的感性引起共鸣者会给予较高评价，而持相反态度的人则对其感到厌烦。公共设施、公共空间的配色就应该尽量迎合大多数人的感受，必须以他们的满足做结束。
  为此，不仅仅是自己的主张，还要考虑各种条件，追求最完美的“客观性”和“社会贡献志向”。
- 室内装修、外观、城市规划等“环境规划”，换言之就是“关系规划”。包括色彩在内是由很多要素构成的个体与个体，或者个体与整体有机联系的一种工作过程。

❺ 户外广告物

户外广告物是景观中的一大要素。竖有巨型招牌的郊外店铺，行车途中就很容易看到，而对当地而言却是一种视觉障碍。另外，连锁店那些全国统一通用的招牌还会抹杀景观的地区特性。吸引力与醒目性是招牌的必备条件，而吸引力强与美观又是一对矛盾，问题的难点就在这里。

1 户外广告物的思路

地方政府本着“户外广告物法”的精神制定了“户外广告物条例”，对广告物进行规范管理。申请许可证上对所需广告物的合计面积、高度都有规定，并限定使用区域，或按不同地区规定不同等级。

对招牌的管理不能停留在限制上，在繁华街道发挥招牌的积极作用，还会使其更趋于活力，大阪市的道顿崛川景观中，巨型招牌活泼的设计思路就有效地美化了景观。

京都市认可历史性，有创意的户外广告物的存在、对那些很早以前就立在户外的老字号招牌十分重视。

图 10.6 大阪道顿崛的景观［彩页P.30］

2 对公益户外广告物的引导

京都市在这方面有严格规定。强调广告物应该与街区协调，色彩和创意要努力兼顾景观效果。对色彩的使用还制定了诸如“霓虹灯灯管等装饰要与建筑物等色彩协调”、“照明器材不能使用闪光灯及频闪等方式”等详细基准。

这些基准中，比如大面积红底白色镂空字的招牌，若将图与底反转变成白底红字，其概念含义就削弱了。另外，招牌上图案的周围设有白边时，白底的范围就增加了，也会抵消概念效果，对这些都做了规定。在“京都是个传统的古城”这一公认的前提下，就连名牌企业基于全国统一形象的识别标志色（CI色）所做的图样，也不得不按京都的要求适当做出变更。此外，其他城市尚未限制的在建筑物窗玻璃内侧描画、粘贴广告物，京都也都将其列入了管理范围。

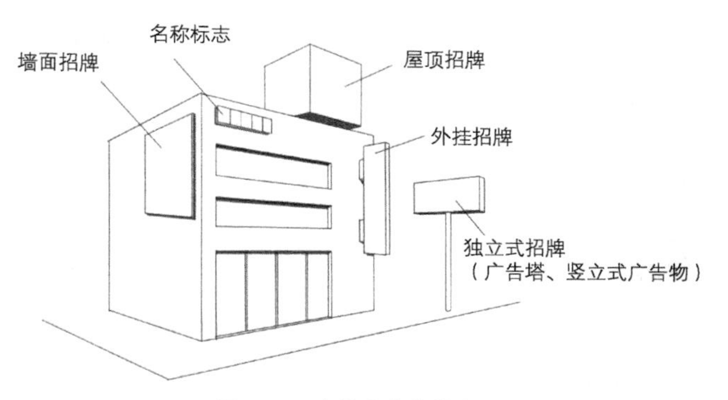

图 10.7 户外广告物的名称

第11章　气候水土与色彩文化

气候水土、身边的自然景物培养了我们对色彩的感觉，对地方特有的色彩文化的再认识将有助于到生活中去发挥作用。

❶ 天然素材的颜色

天然素材颜色分布上的特征，在工业产品上作为对材料的触感再现十分重要。

1 木材、土壤的颜色

木板的颜色存在于黄红（YR）~黄（Y）这一色相范围内，红色较强的东西明度较低，有一种越靠近黄色明度越高的倾向。土地和岩石的颜色来自含氧化铁的土红及蓝铜矿的群青等颜色，而大多数与木材颜色一样，存在于黄红（YR）~黄（Y）这一色相范围内。与木材同样，发红的土显暗，越靠近黄色则越倾向于明亮。

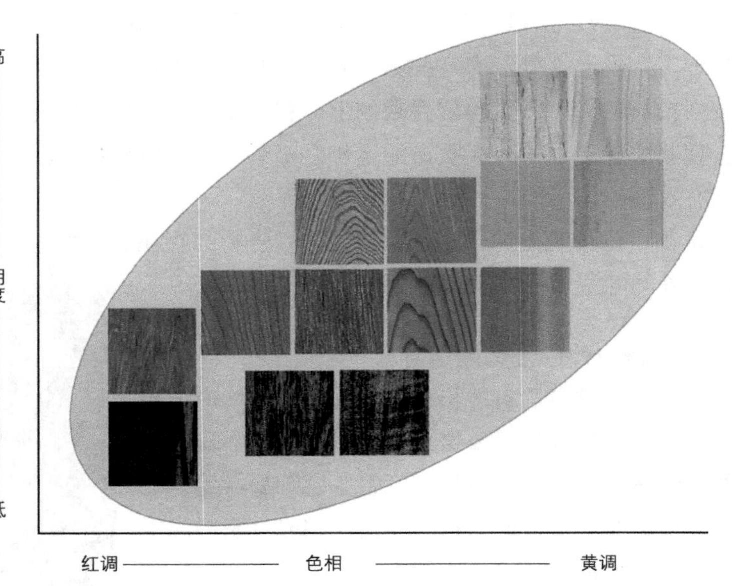

图 11.1　木材色相明度分布图 [彩页P.31]

2 再现自然色的要点

自然色的色成分，比如印有木纹的建材等，牵涉到对模仿自然的产品的生产管理。设计色与制成品的颜色有出入时，如果制成品的颜色比设计色显红，属于稍微偏暗的可以允许，而超过设计色的亮度则不允许；制成品比设计色偏黄时，如果稍微偏向于明亮可以允许，比设计色暗则不允许。不被允许的原因就在于不自然的成分增加了。（参照P.96图8.11、图8.12）

❷ 气候水土的色彩感觉

人类建立色彩感觉的要因之一就是哺育他成长的地方的气候水土。

从全球的范围来看，在年间气温、降水量变化大的这类地区等，一年中发生极端气候变化的情况也较多。在日本，随着植被按季节的变化，景观也跟着变化，每天天气的反复大幅变换，都是培养色彩感觉的背景。诞生于中国的阴阳五行思想在日本也很普及，就因为季节的变化很相似。另外，按气候水土生长的染色用植物的区别，也体现在一国国民常用染料的不同及受欢迎颜色的形成上。

1 对岁月流逝中的颜色的认识

以本州近畿地方为中心，平均看一看以日本气候水土为背景的色彩感受。

① 季节变化与颜色变化

《柯本（koppen）气候分布图》率先对世界各地气候做过分类，从图上可以发现，与跨越日本的关东、中部、中国、四国、九州这些地方显示同样季节变化的地区还有英国、法国、德国周边，中国的东南部、美国的东南部、加拿大与美国交界的太平洋沿岸、以南美乌拉圭为中心的巴西南部和阿根廷东部、澳大利亚东海岸、新西兰、南非南端等地区，从世界范围来看这些地方的合计面积并不大。

在日本，可以看到春天草木发芽吐绿，夏天枝叶繁茂，入秋的红叶，冬季植物干枯等这类自然景观季节性变化的描述。加之日本入夏之前有一段雨季（梅雨），气候温暖而湿润，植物就更加茂盛。这种随季节变化的自然景观也是培养色彩感觉的要因之一。

做具体色彩设计时还有一些应注意的要点，对树木、森林我们习惯上均以一个“绿”字代替，可是，不仅季节在变化，树木种类也不一样。反射光与透射光以及阴影等颜色各异，包括枝、干的颜色在内它们是各种微妙颜色的集合体。矗立于这种“绿色”环抱中的建筑外观，如果都被设计成绿色，那么这些均匀而一成不变的人工绿色，虽然与树叶有类似色相，但是其扎眼的感觉和疑似色形象很明显，会产生较强的不协调感。

图 11.2 四季变化明显的美丽日本 [彩页P.31]

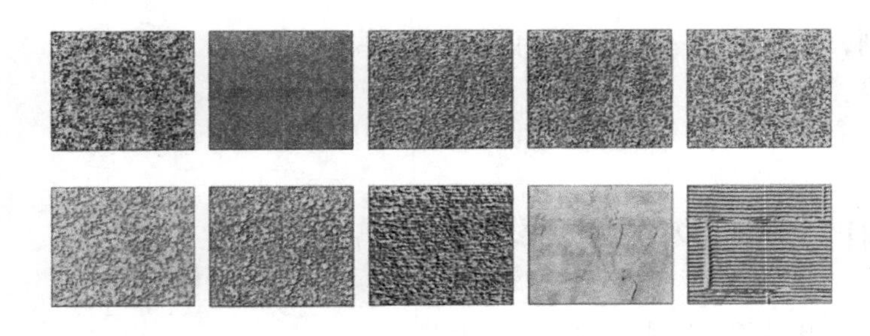

图 11.3 银杏、榉树、樱花树的霜叶 [彩页P.32]

简单说就叫“绿”、“红叶”，可实际上它是带有微妙区别的各种颜色集合体。自然的绿叶其平均值为：2.5～5GY4～6/3～6，泛蓝较强的针叶树的叶子约5GY4/3。例如：

银杏：绿叶2.5～3.5GY3～5/3～5
（明亮部分可见明度为6）
黄叶2.5Y7～7.5/7～8、树干10YR3/1。

榉树：红叶7.5R2～3/4、7.5R2～3/7～8
8R3/4 4YR4～5/6～8
5YR4/6 6.5YR5/7
10YR6.5～7/8～9、树干6YR3.5/1

樱花树：绿叶3GY5/6、红叶10R4～6/9～10

另外，从与自然色的对比情况来看，纯度高于自然色的人工色，与自然物生就的微妙配色相比，结构美已大打折扣。

② 与自然色共存

平安时代的“十二单”中列有“袭的色目”（日本古时依季节、身份的着装配色方法——译注），其中规定配色时要以各季节的花草等自然色为基准。日本庭园就是以观望四季变化为乐趣，至今仍保留着春季赏花、秋天赏红叶的习俗。日本人的生活与随着岁月的流逝而变化的自然景观密不可分。

③ 对褪色的认可

紫外线很强的夏天气候闷热潮湿，人工色很容易褪色。这也正是源于季节变化带来的“颜色是个移动的概念”产生的背景。由此得出的结果化解了对“着色的东西难免褪色”这一现实的抵触情绪。人们都喜欢新鲜华丽的颜色，但是，仍然认可那些陈旧褪色状态的价值。在对漂亮、灿烂夺目的配色抱有好感的同时，对恬静、孤寂的感觉也抱有同样情怀。人们“把岁月流逝也包括在对颜色的认识当中”。所以，着色后的褪色这一来一去之间，就是素材应有的颜色。

2 对质感的重视

① 素材感和触觉

人们从感性上很重视素材的微妙的光泽、触感，比如，走路时踩在脚下的地毯、购物时拿在手里的、穿在身上的都可以用来确认肌肤的触感。油工通过手触摸确认涂膜的质量。从照片上看，外国住宅的窗户用的是白色木窗觉得很有魅力，可是，看到现场实物才发现原来是白漆反复涂刷出来的效果，并没有那么好看。汽车的面漆也经常保持得很漂亮，我们对质感、精装修的品位很在意。

图11.4　即使同样的颜色我们也能区分其质感和素材 [彩页P.32]

② 和室的颜色

和室的榻榻米、土墙、柏木柱都是素材原色。和室的柱子上没有谁会涂上彩漆，即使涂漆也不过是些黄土制的红颜料或原漆自然色的范畴。我们有种“珍视素材自带的颜色”的情怀。

室内装修的配色要与地毯颜色、织物色等对应、协调起来。崭新状态的榻榻米是黄绿色，用旧了以后是土黄色，不仅明度、纯度，连色相也会发生变化，配色无法迎合这些变化。颜色是移动的，在我们这里，素材感比表面色更胜一筹（近年来榻榻米也开始流行不变色的款式）。

3　对浓淡渐变法的爱好

① 身边的彩色技法

神社寺院建筑的过梁上装有蛙腿支撑架，其彩色涂装用的是一种随佛教传入日本的“月华染色花纹”浓淡渐变法。镰仓时代随禅宗传入日本的水墨画采用的就是白、灰（含烟水）、黑这些非彩色的浓淡渐变法。绞缬染法等染出来的浓淡花纹常见于我们日常生活中。带有景观协调意识的建筑物、与工作关联的物品也有很多采用浓淡渐变法配色。如今我们身边这种配色方法多得出乎预料。

② 喜欢浓淡渐变法的背景

其背景就在于日本的气候特征。从高气压、低气压的活动程度来看，在日本及中国内地东岸、北美大陆东岸这一特征很明显。这些地区都是每天晴雨交替，天气变化相对较大的地方，前锋经过以后，或温度发生变化，或出现降雨，接近地面处易发生霭、霞、雾等天气现象，这不仅是自然景观，市中心也经常可以看到。

图 11.5　浓淡法的风景 [彩页P.32]

这种空气中湿度较高的状况，如视其为景观，那么距离越远纯度越低，越呈现淡灰色，亦即浓淡渐变法造成的纯度低下。习惯并乐于接受它的人，经常把这种方法用在建筑物上。考虑景观协调时，如果用浓淡渐变法着色会削弱视觉冲击感，与景观协调联系起来的思路正是处在这一背景上。

高纯度色的建筑外观，在湿度低的地区看着很美，可是，阴雨天较多环境潮湿，在霞、霭多发地区这种鲜艳的色彩魅力就很难发挥效果。换言之，日本国内具有这种气候特征的地方，高纯度的建筑外观用色于景观并不适宜。

4 镶边设计

浮世绘版画的黑线以及和服的白、黑线、金银丝线所做的勾边都是日本式的设计风格。榻榻米的包边、拉门的格子、隔扇的外框，再往大一点说，墙面露出明柱的和室房间里的柱子、门上框等也被称作“空间包边”。正是这类居住空间同样采用镶边设计才酿就了和式风格的氛围。

5 多种颜色配色的美及受限色

和服的配色是日本美的典型代表。就像和服所详细展示的那样，用多种颜色染成的布料，由八卦带、腰带、带子里的衬垫、腰带上的细丝带、装饰带扣、装饰衬领等这些服饰的组合就不难看出日本式的华丽与纤细，包括穿着要领在内最终完成时的状态充分展现了日本美。其中有很多现象是多种颜色配色、单纯配色调和论所解释不清的。

即便一个简单的单色，为了追求自己要求的颜色并如实地表现，在染色、陶瓷烧制等过程也都要不懈努力，而作为回报就是鲜明的日本特色。

今后应该更重视这些日本的色彩感觉，以此去营造舒适的生活环境。

实习操作方法

购入以株式会社日本色研事业发行的PCCS为基础的配色卡，在实习纸板上适当地进行剪贴。

配色卡在美术用品商店、书店都可以买到，也可以采购或订购。

◎日本色研事业株式会社的咨询窗口：

东京营业所TEL（03）3935–5755　大阪支社TEL（06）6264–6189

商品名：“配色卡158”

规格有：a 3.5 × 12cm、 b 6 × 17.5 cm、 c 12 × 17.5 cm三种。

158色组附有说明书。色纸背面印有系统色名、色符号、5mm的方孔、

另外，“新配色卡199”为199色组，

规格有：a 3.5 × 12cm、 b 6 × 17.5 cm、 c 12 × 17.5 cm三种

“配色卡129”为129色组，规格有：a 3.5 × 12cm、 b 6 × 17.5 cm。

实习纸板1《色相环》

■将指定的配色卡剪贴起来。

“配色卡”背面印有色调符号V（冷艳色调），将色相编号1～24的色纸依次剪贴起来。

※本书中的色相环用4色油墨印制，所以在这里重新贴上以各种特色印刷的色纸时，PCCS色相环的颜色判读起来更准确。

PCCS色相环

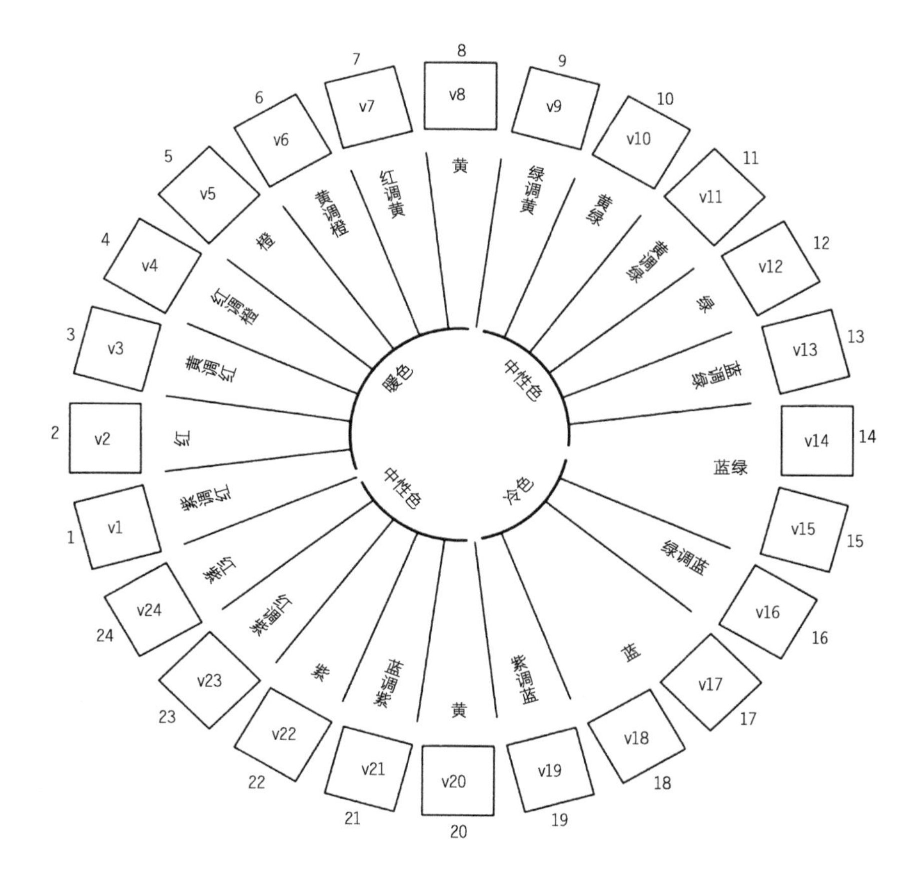

实习纸板2 《季节色彩形象1》

我们住在四季多变的美丽的日本，就让我们来表现一下各季节的色彩形象吧。首先把四季的配色形象分解为色相、明度和纯度，认识一下它们有哪些区别。

◎把四季中“春”的形象都表现在哪些颜色上，贴到方格中。

可以重复使用相同颜色，都剪成正方形（连续出现同色时则长方形）。

依个人爱好，也可以用边长2cm的正方形的色纸混杂重复贴。

◎表现某种形象时，如有特殊考虑的地方（好点子）请填在下面。

春

特殊考虑、好点子

实习纸板3 《季节色彩形象2》

◎把四季中“夏”的形象都表现在哪些颜色上，贴到方格中。

可以重复使用相同颜色，都剪成正方形（连续出现同色时则长方形）。

依个人爱好，也可以用边长2cm的正方形的色纸混杂重复贴。

◎表现某种形象时，如有特殊考虑的地方（好点子）请填在下面。

夏

特殊考虑、好点子

实习纸板4 《季节色彩形象3》

◎把四季中“秋”的形象都表现在哪些颜色上，贴到方格中。

可以重复使用相同颜色，都剪成正方形（连续出现同色时则长方形）。

依个人爱好，也可以用边长2cm的正方形的色纸混杂重复贴。

◎表现某种形象时，如有特殊考虑的地方（好点子）请填在下面。

秋

特殊考虑、好点子

实习纸板5 《季节色彩形象4》

◎把四季中“冬”的形象都表现在哪些颜色上，贴到方格中。

可以重复使用相同颜色，都剪成正方形（连续出现同色时则长方形）。

依个人爱好，也可以用边长2cm的正方形的色纸混杂重复贴。

◎表现某种形象时，如有特殊考虑的地方（好点子）请填在下面。

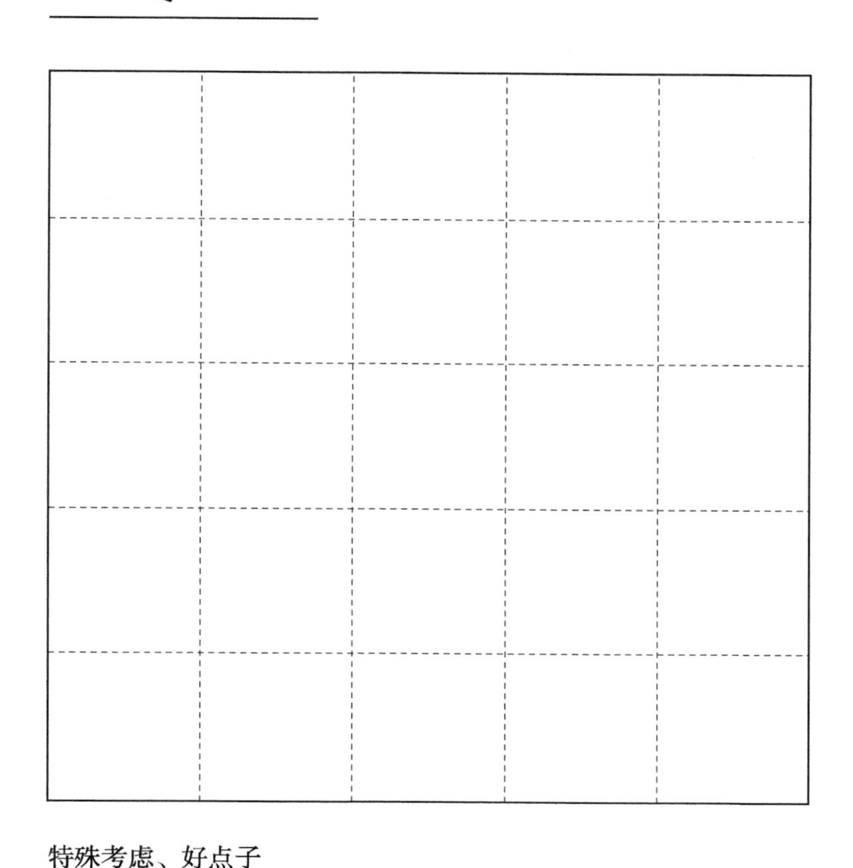

特殊考虑、好点子

表现四季形象时所用的颜色，依居住地的不同会发生变化，通常情况有如下一些倾向。

春：粉红、黄、乳白、浅蓝等色相被多方采用，但都是淡色调、灰白色调、明亮色调这类亮色调。使用绿系色时，倾向于黄绿色（嫩芽形象）。

夏：从形象上可分为两类，一是表现盛夏的日照。火红的太阳，向日葵的橙黄色等，以暖色的艳色调为中心配色。加上海、天、云的形象，又多出了蓝和白。使用绿系色时，不是黄绿，更多见的是绿色。再一个是因为热就要用凉的配色，寻求冷色配色，出现了以蓝、白等为中心的配色。

秋：以枯叶、落叶为代表形象的暗淡色调、深沉色调、由昏暗的中纯度色构成。以红叶、成熟的果实等做形象，就会使用红、橙等生机活泼色调。

冬：多使用白、灰色、黑色等非彩色，或阴沉的淡灰色、光亮灰色等。进一步还要寻求温暖，做这种配色时往往会追加红色等活泼颜色，将其突出出来。

实习纸板6 《对色的三属性的理解》

- 用过的配色卡要在背面记好其色符号。
- 配色卡背面的V、P等符号表示色调种类，数字表示色相编号。
  色调不同但数字相同时即同一色相。
- 灰色的符号是Gy（数字表示明度）。黑色是Bk、白色是W。
- 类似色调即右图中上下左右相邻的同类色调，有较大不同的色调位于图中上下、左右及斜线方向等相距较远的同类色调。

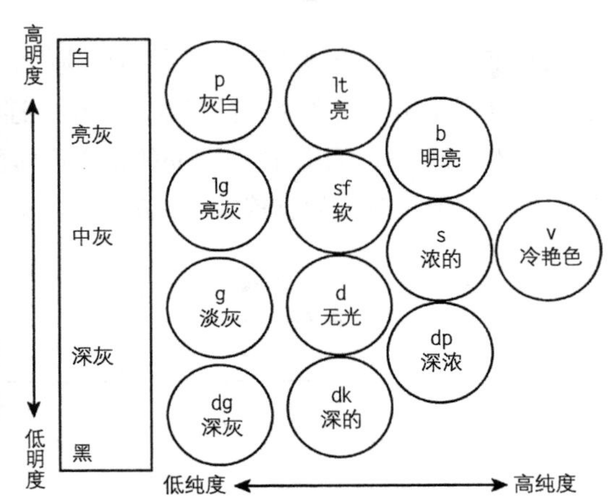

同一色相，高明度色与低明度色2色配色

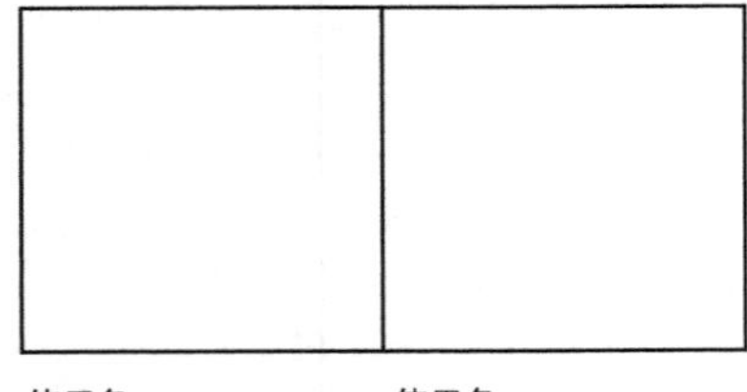

使用色 使用色

同一色相，“纯色”与“低明度、低纯度色”的2色配色

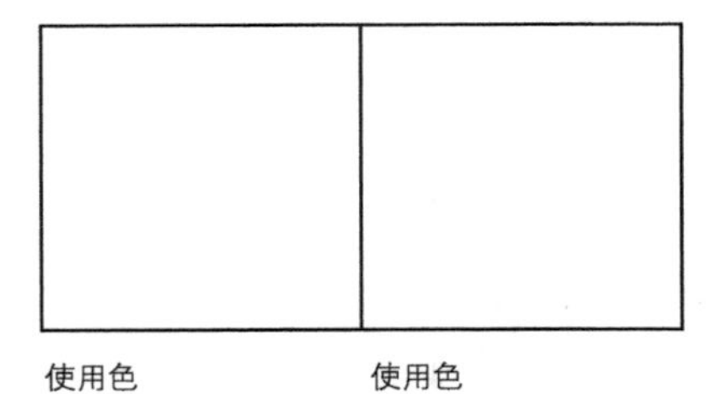

使用色 使用色

类似色相，同一色调的2色配色

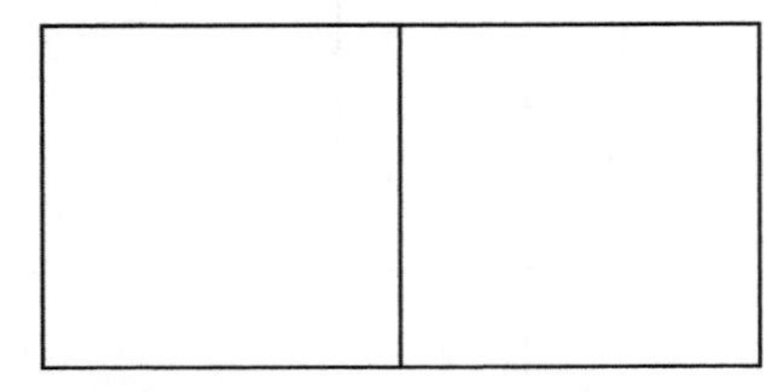

使用色 使用色

同一色相，色调有较大区别的2色配色

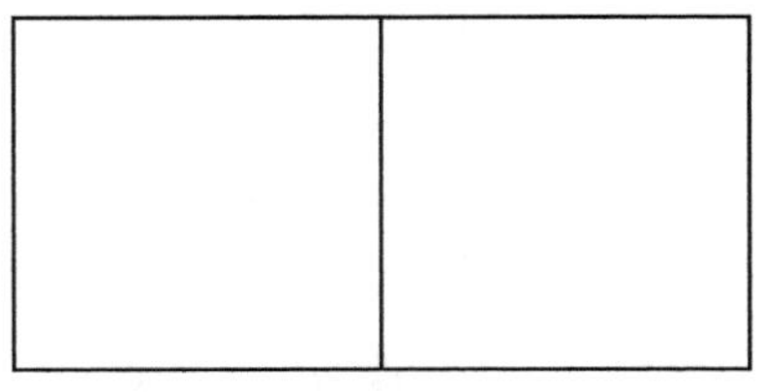

使用色 使用色

同一色相，类似色调的2色配色

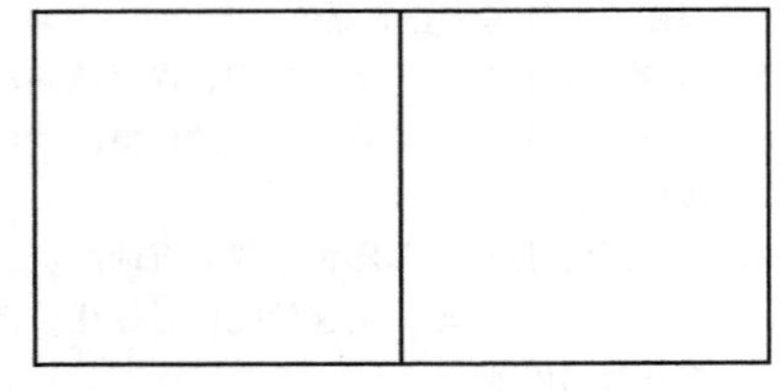

使用色 使用色

补色色相，同一色调的2色配色

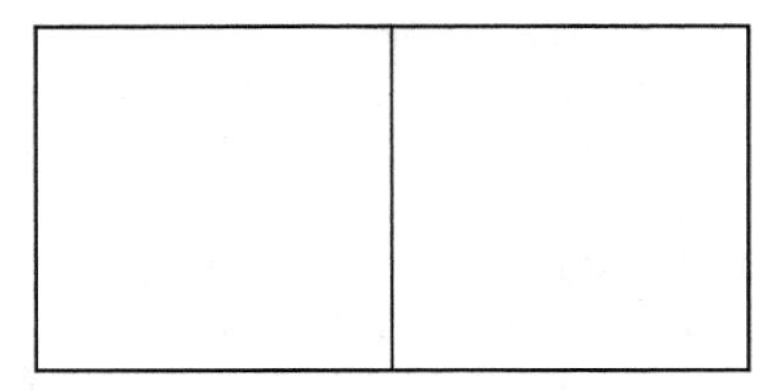

使用色 使用色

实习纸板7 《色彩心理》

用自由色做各种形象的配色操作。

用过的配色卡要在背面记好其色符号。

※做好自由配色后，请与本书第四章“颜色与心理”（P.40）的说明做个对比解读。选择的具体颜色即使都不一样，每个形象的配色倾向也都是相似的，记住这一特征，就很容易进行符合目的要求的配色了。

感觉温暖的2色配色

使用色　使用色

有寒意的2色配色

使用色　使用色

感觉很漂亮的2色配色

使用色　使用色

感觉朴素的2色配色

使用色　使用色

感觉轻快的2色配色

使用色　使用色

有沉重感的2色配色

使用色　使用色

感觉柔和的2色配色

使用色　使用色

感觉刻板的2色配色

使用色　使用色

实习纸板8 《对比现象》

使用“配色卡129 a”（129 b）时，图的指定色的色调所表示的Gy（灰），分别为ltGy（亮灰）、mGy（中灰）。而Gy后面的数字表示明度。

色相对比（v10的色相看上去不同）

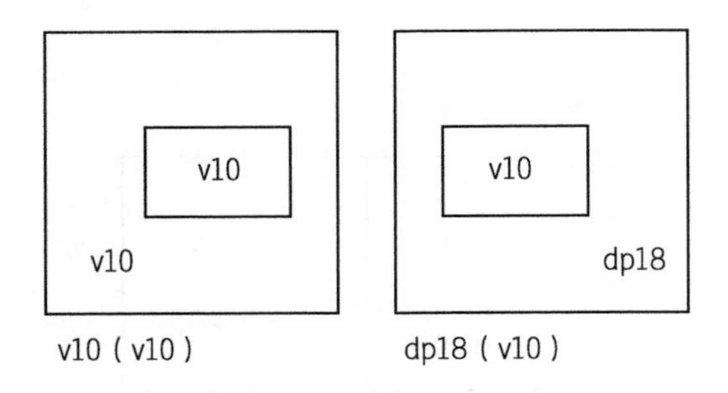

明度对比（Gy6.5明度看上去不同）

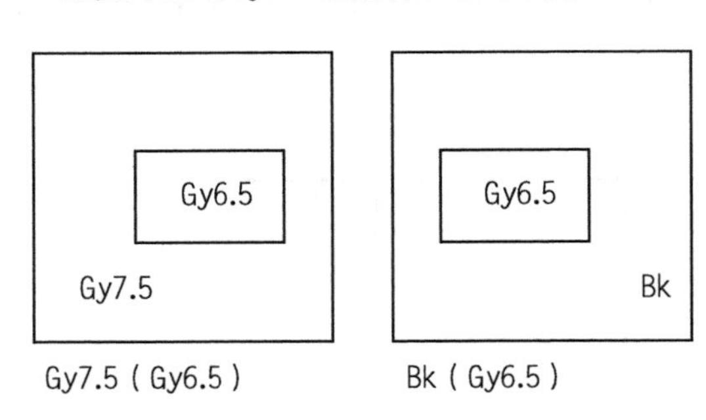

纯度对比（d2纯度看上去不同）

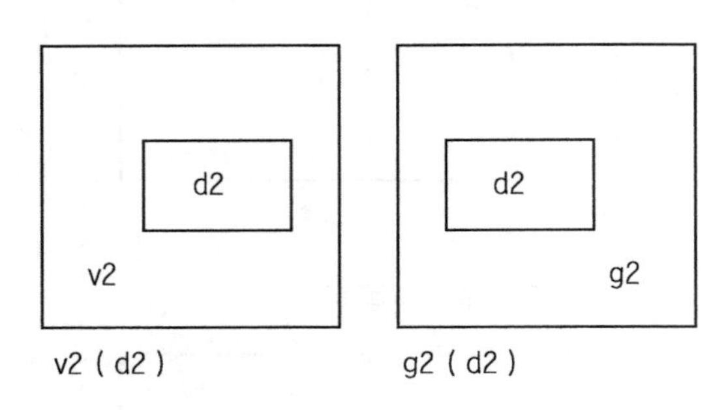

补色的纯度对比
（左侧成补色关系的lt14纯度显得高）

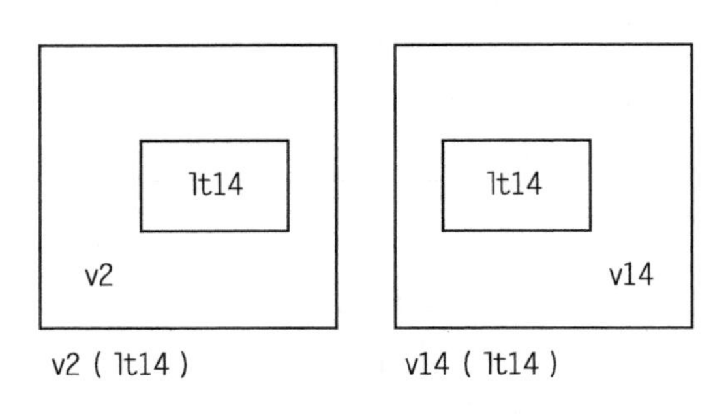

色阴现象（Gy7.5感觉背景色补色的颜色）

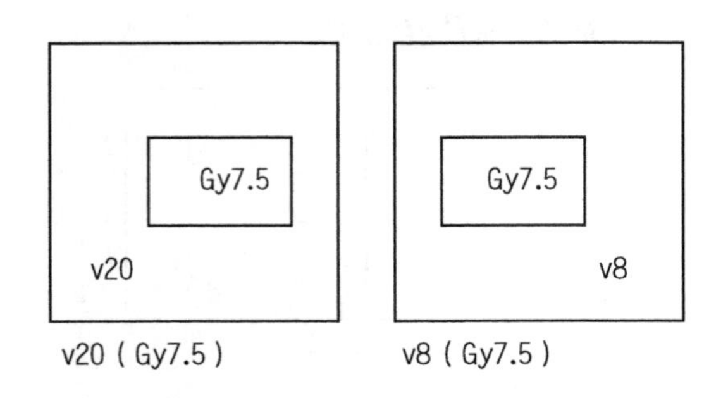

视觉性（明度对比）
（明度差大的配色看着更清楚）

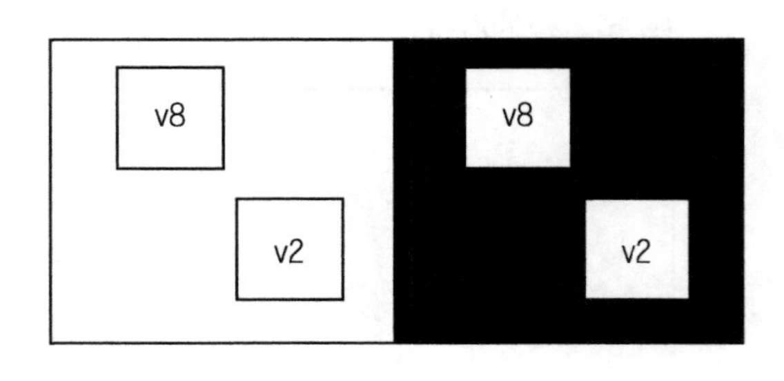

实习纸板9 《形象表现1》

使用“配色卡”表现如下形象的配色构成。（同一颜色可重复使用）。

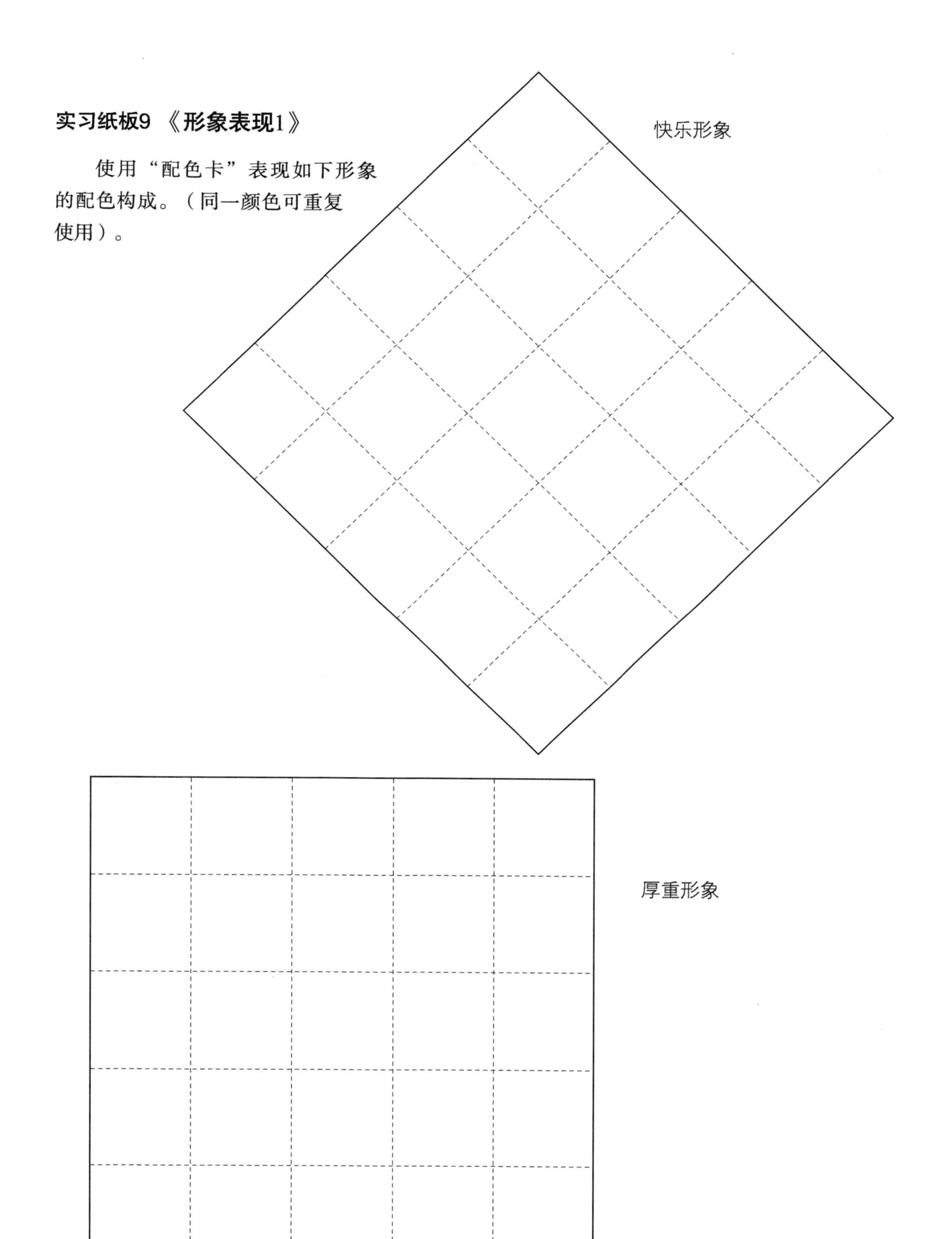

实习纸板10 《形象表现2》

使用“配色卡”表现如下形象的配色构成。（同一颜色可重复使用）

华丽形象

自然形象

实习纸板11 《形象表现3》

使用“配色卡”表现如下形象的配色构成。（同一颜色可重复使用）

富于朝气的形象

优雅形象

实习纸板12 《色调一览表》

先确认“配色卡”背面的符号再剪贴、完成色调一览表。

PCCS色相编号	2	4	6	8
淡色调	p2	p4	p6	p8
明色调	lt2	lt4	lt6	lt8
浅灰色调	ltg2	ltg4	ltg6	ltg8
灰色调	g2	g4	g6	g8
软色调	sf2	sf4	sf6	sf8
浊色调	d2	d4	d6	d8
暗色调	dk2	dk4	dk6	dk8
暗灰色调	dkg2	dkg4	dkg6	dkg8
深色调	dp2	dp4	dp6	dp8
亮色调	b2	b4	b6	b8
鲜色调	v2	v4	v6	v8

10	12	14	16	18	20	22	24
p10	p12	p14	p16	p18	p20	p22	p24
lt10	lt12	lt14	lt16	lt18	lt20	lt22	lt24
ltg10	ltg12	ltg14	ltg16	ltg18	ltg20	ltg22	ltg24
g10	g12	g14	g16	g18	g20	g22	g24
sf10	sf12	sf14	sf16	sf18	sf20	sf22	sf24
d10	d12	d14	d16	d18	d20	d22	d24
dk10	dk12	dk14	dk16	dk18	dk20	dk22	dk24
dkg10	dkg12	dkg14	dkg16	dkg18	dkg20	dkg22	dkg24
dp10	dp12	dp14	dp16	dp18	dp20	dp22	dp24
b10	b12	b14	b16	b18	b20	b22	b24
v10	v12	v14	v16	v18	v20	v22	v24

实习纸板13 《明度构成》

准备地面、墙面、顶棚及家具的明度构成时，只能用黑铅笔像黑白照片那样着色。墙上的镜框等装饰品可随意凭感觉画上去。

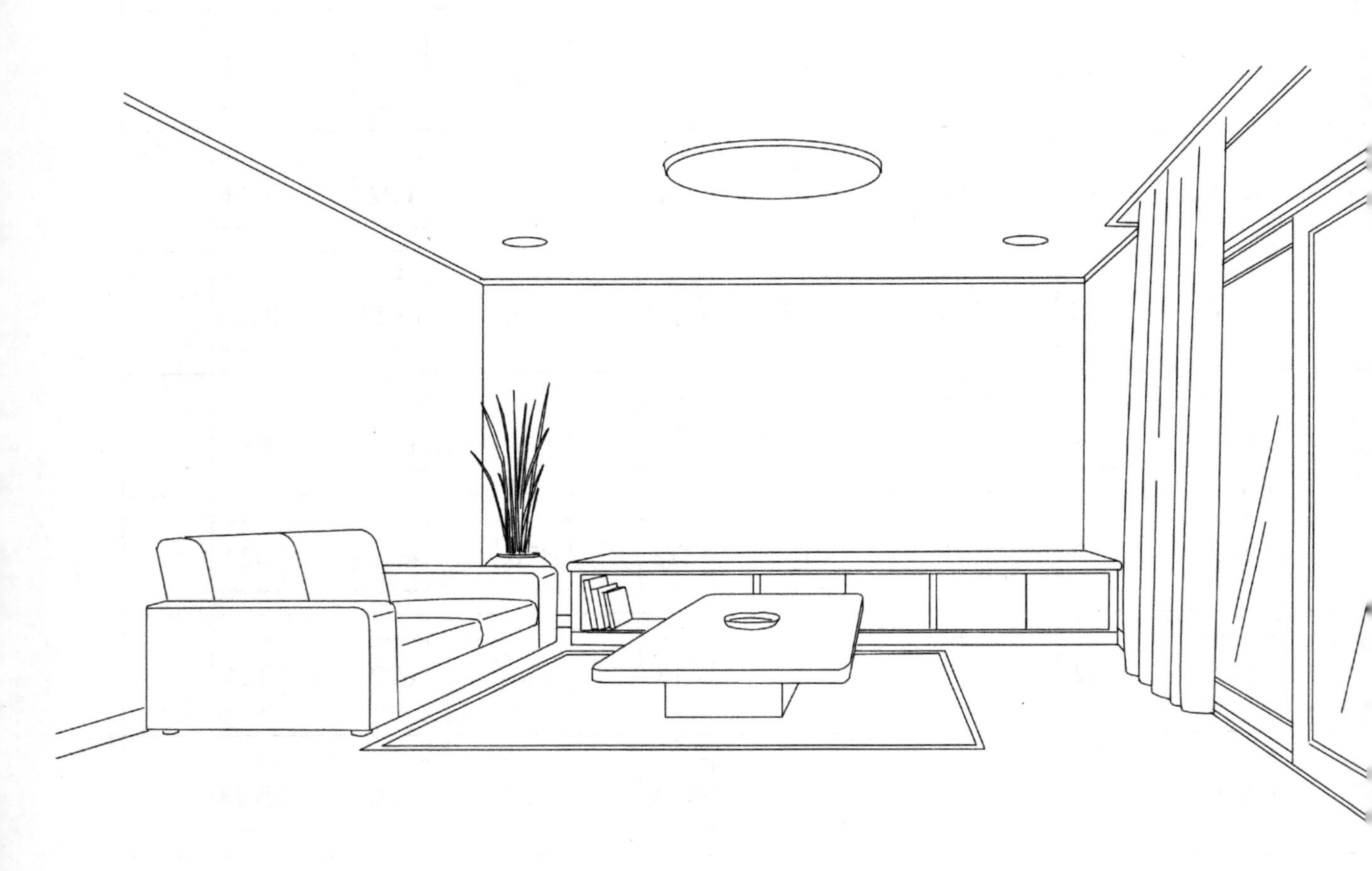

明度标尺

・把“配色卡”非彩色部分的色纸对照右侧方孔中的色编号剪贴。然后，把页面右侧收齐，明度标尺就完成了。
“配色卡129”、“配色卡158”从Bk到2.5、3.5、4.5……，每隔一格有一个色纸。“配色卡199”可全部都贴上。

・使用这一明度标尺可以检测身边各种物品的明度。
把明度标尺对到被检测的物品上，读取上面最亮的灰的数值，这一数字就是孟塞尔明度值。

・稍眯缝眼睛对比观察，不要去左右颜色的倾向，就很容易读取该物品的明度。

・自认为美的物品的配色，其明度差是多少？地面、墙面、顶棚及家具的明度是多少？记住这些明度，自己配色时就有了一个大致的参考。

9.5	W（9.5）
9.0	Gy–9.0
8.5	Gy–8.5
8.0	Gy–8.0
7.5	Gy–7.5
7.0	Gy–7.0
6.5	Gy–6.5
6.0	Gy–6.0
5.5	Gy–5.5
5.0	Gy–5.0
4.5	Gy–4.5
4.0	Gy–4.0
3.5	Gy–3.5
3.0	Gy–3.0
2.5	Gy–2.5
2.0	Gy–2.0
1.5	Bk 1.5

剪切线

参考书目

・『色彩学入門』向井裕彦・緒方康二著、建帛社
・『色彩学の基礎』山中俊夫著、文化書房博文社
・『色彩学』近藤恒夫著、理工図書
・『光の医学』ジェイコブ・リバーマン著、飯村大助訳、日本教文社
・『カラーコーディネーター検定２級・３級』(旧テキスト)、東京商工会議所
・『日本の伝統色』(財)日本色彩研究所編、読売新聞社
・『色の手帳』尚学図書・言語研究所編、小学館
・『JIS ハンドブック色彩』日本規格協会

著作权合同登记图字：01–2009–0353号

图书在版编目（CIP）数据

色彩学基础与实践/（日）渡边安人著；胡连荣译.—北京：中国建筑工业出版社，2010（2022.8 重印）
ISBN 978–7–112–11603–4

Ⅰ.色… Ⅱ.①渡…②胡… Ⅲ.建筑色彩 Ⅳ.TU115

中国版本图书馆CIP数据核字（2009）第210941号

Japanese title：Shikisaigaku no jissen
Copyright © Watanabe Yasuto
Original Japanese edition
Published by Gakugei Shuppansha,Japan

本书由日本学艺出版社授权翻译出版

责任编辑：白玉美 刘文昕
责任设计：郑秋菊
责任校对：关 健 兰曼利

色彩学基础与实践
[日]渡边安人 著
胡连荣 译
*
中国建筑工业出版社出版、发行（北京海淀三里河路 9 号）
各地新华书店、建筑书店经销
北京雅盈中佳图文设计公司制版
北京中科印刷有限公司印刷
*
开本：850×1168 毫米 1/16 印张：9 插页：16 字数：275 千字
2010 年 6 月第一版 2022 年 8 月第八次印刷
定价：59.00 元
ISBN 978–7–112–11603–4
（33321）
版权所有 翻印必究
如有印装质量问题，可寄本社退换
（邮政编码 100037）